北京高等教育精品教材
BEIJING GAODENG JIAOYU JINGPIN JIAOCAI

清华大学 计算机系列教材

戴梅萼 史嘉权 史云凌 编著

微型计算机技术及应用
——习题、实验题与综合训练题集
（第5版）

清华大学出版社
北京

内 容 简 介

本书是普通高等教育"十一五"国家级规划教材、北京高等教育精品教材和清华大学计算机系列教材,是与《微型计算机技术及应用》(第 5 版)配套的习题、实验题与综合训练题集。前 4 版长期被国内400 多所学校使用,得到很好的评价。

本书中的习题针对主教材相应章节的主要技术和内容,以 Pentium 为核心,涉及 CPU 技术、指令系统、存储器和高速缓存技术、微型计算机和外设的数据传输技术、串并行通信技术、中断技术、DMA 技术、计数器/定时器技术、模/数和数/模转换技术、键盘技术、显示技术、打印机技术、磁盘和光盘技术、总线技术,以及主机工作原理,其中还包括了一部分例题性习题,实验题尤其是综合训练题对应教材中最重要、最关键的技术。

与第 4 版相比,本书大幅度删除了较陈旧的内容,还以颇具代表性的 TPC-ZK 实验系统为例,全面修订了第 2 部分的第 2 篇内容,确保实验课程能够与实验器材更好地配合,使学校和读者能够便捷地获取相应的器材,顺利完成实验。

本书可作为高等院校计算机专业本科生和电子类专业本科生相关课程的辅助教材。由于注意了尽量减少对其他专业课的依托,也完全可以作为非计算机类专业相关课程的辅助教材。对于从事微型计算机技术研究和应用的科研人员,本书也是一本内容翔实、可读性好的参考书。

图书在版编目(CIP)数据

微型计算机技术及应用.习题、实验题与综合训练题集 / 戴梅萼,史嘉权,史云凌编著. -- 5 版.
北京:清华大学出版社,2025.5. -- (清华大学计算机系列教材). -- ISBN 978-7-302-69387-1

Ⅰ. TP36-44

中国国家版本馆 CIP 数据核字第 2025SH5547 号

策划编辑:白立军
责任编辑:杨 帆
封面设计:常雪影
责任校对:刘惠林
责任印制:宋 林

出版发行:清华大学出版社
   网   址:https://www.tup.com.cn,https://www.wqxuetang.com
   地   址:北京清华大学学研大厦 A 座   邮   编:100084
   社 总 机:010-83470000   邮   购:010-62786544
   投稿与读者服务:010-62776969,c-service@tup.tsinghua.edu.cn
   质量反馈:010-62772015,zhiliang@tup.tsinghua.edu.cn
   课件下载:https://www.tup.com.cn,010-83470236
印 装 者:三河市龙大印装有限公司
经 销:全国新华书店
开 本:185mm×260mm 印 张:12.25   字 数:286 千字
版 次:1994 年 11 月第 1 版 2025 年 7 月第 5 版 印 次:2025 年 7 月第 1 次印刷
定 价:49.00 元

产品编号:105037-01

作者简介

戴梅萼 1946 年出生,上海市人,1964 年从上海中学入清华大学自动化系,1970 年毕业,1981 年获清华大学工学硕士学位,任清华大学计算机科学与技术系教授。自研究生毕业后,长期从事微型计算机技术的教学和科研。曾作为主要完成人或项目负责人,因出色完成"六五""七五""八五""九五"国家重点科研攻关项目获得电子部科技进步奖一等奖、国家级科技进步奖三等奖、电子部科技进步奖二等奖、教育部科技进步奖二等奖等重要奖项。作为第一作者或唯一作者编著了《微型计算机技术及应用》《Java 问答式教程》《计算机应用基础》等多部教材。其中,配套专业教材《微型计算机技术及应用》第 1 版于1996 年获第三届全国工科电子类优秀教材一等奖;第 2 版于 2001 年获北京市教育教学成果一等奖、国家级教学成果二等奖;第 3 版于 2004 年获全国优秀畅销书金奖,2005 年被评为北京高等教育精品教材。本书长期作为清华大学计算机科学与技术系本科生必修课教材和全校双学位教材,并被国内超过 400 所学校使用。以第一作者在国内外会议和期刊发表论文 50 余篇。

史嘉权 1940 年出生,河北省秦皇岛市人,1965 年毕业于清华大学自动化系,毕业后留校,开设多门专业课,任清华大学计算机科学与技术系教授。一直从事程序设计、微型机技术、网络技术和数据库技术的科研和教学,在国内率先编写了微型机汇编语言程序设计方面的教材并剖析了国外流行的微型机操作系统,率先研制了以太网络实时通信系统和分布式异型机以太网络语音、图形、图像实时传输系统。作为项目负责人完成了多个重要科研项目,包括国家重点科技攻关项目,因做出突出贡献获得国家科技攻关荣誉证书,作为第一获奖人获得机电部科技进步奖三等奖、北京市科技进步奖三等奖、北京地区网络系统评比一等奖等奖项,作为第一完成人获国家发明专利。作为唯一作者或第一、二作者编写了《Z80 汇编语言程序设计》《数据库系统概论》《微型计算机技术及应用》《计算机硬件基础教程——原理、技术及应用》等教材,翻译了《微型计算机程序设计》(日译中)、《数据库系统基础教程》(英译中)等教材。其中,《微型计算机技术及应用》第 1 版于 1996 年获第三届全国工科电子类优秀教材一等奖;第 2 版于 2001 年获北京市教育教学成果一等奖、国家级教学成果二等奖;第 3 版于 2004 年获全国优秀畅销书金奖,2005 年被评为北京高等教育精品教材。在国际会议和国内期刊发表论文 40 余篇。

史云凌 由全国数学理科实验班免试保送入清华大学计算机科学与技术系,获得学士学位。硕士毕业于不列颠哥伦比亚大学计算机科学与技术系。在服务器操作系统、手机操作系统、嵌入式系统、分布式存储、区块链等领域有丰富的行业经验,曾任 Solaris 10操作系统全球四个项目经理之一,IEEE 3816 号国际标准工作组主席,领导团队负责诺基亚塞班操作系统测试自动化工具研发等。师从加拿大国家讲席教授 Dinesh K. Pai。

序

  清华大学计算机系列教材已经出版发行了近 100 种,包括计算机专业的基础数学、专业技术基础和专业等课程的教材,覆盖了计算机专业大学本科和研究生的主要教学内容。这是一批至今发行数量很大并赢得广大读者赞誉的书籍,是近年来出版的大学计算机教材中影响比较大的一批精品。

  本系列教材的作者都是我熟悉的教授与同事,他们长期在第一线担任相关课程的教学工作,是一批很受大学生和研究生欢迎的任课教师。编写高质量的大学(研究生)计算机教材,不仅需要作者具备丰富的教学经验和科研实践,还需要对相关领域科技发展前沿的正确把握和了解。正因为本系列教材的作者具备了这些条件,才有了这批高质量优秀教材的出版。可以说,教材是他们长期辛勤工作的结晶。本系列教材出版发行以来,从其发行的数量、读者的反映、已经获得的许多国家级与省部级的奖励,以及在各个高等院校教学中所发挥的作用上,都可以看出其所产生的社会影响与效益。

  计算机科技发展异常迅速、内容更新很快。作为教材,一方面要反映本领域基础性、普遍性的知识,保持内容的相对稳定性;另一方面,又需要跟踪科技的发展,及时地调整和更新内容。本系列教材都能按照自身的需要及时地做到这一点,如《计算机组成与结构》一书至今已出版至第 5 版,使教材既保持了稳定性,又达到了先进性的要求。本系列教材内容丰富、体系结构严谨、概念清晰、易学易懂,符合学生的认识规律,适合教学与自学,深受广大读者的欢迎。本系列教材中多数配有丰富的习题集和实验,有的还配有多媒体电子教案,便于学生理论联系实际地学习相关课程。

  随着我国的进一步开放,我们需要扩大国际交流,加强学习国外的先进经验。在大学教材建设上,我们也应该注意学习和引进国外的先进教材。但是,计算机系列教材的出版发行实践以及它所取得的效果告诉我们,在当前形势下,编写符合国情的具有自主版权的高质量教材仍具有重大意义和价值。它与前者不仅不矛盾,而且是相辅相成的。本系列教材的出版还表明,针对某个学科培养的要求,在教育部等上级部门的指导下,有计划地组织任课教师编写系列教材,还能促进对该学科科学、合理的教学体系和内容的研究。

  我希望今后我国有更多、更好的优秀教材出版。

清华大学计算机科学与技术系教授,中国科学院院士

张钹

2007 年 6 月 28 日

第 5 版前言

《微型计算机技术及应用——习题、实验题与综合训练题集》(第 5 版)的面世,标志着我们在微型计算机领域的持续追求与不断进步。本书前 4 版长期在清华大学计算机科学与技术系和电子工程系"微型机原理"课程中发挥着重要作用,并在全国 400 多所学校中广泛应用。

在第 5 版的编写过程中,编者认真倾听了读者的反馈、各位老师的宝贵意见,并根据市场上的实验器材做了以下修订。

(1) 针对主教材《微型计算机技术及应用》(第 5 版)进行了简要修改,涉及用词和实验内容的小幅调整,以更好地契合第 5 版的主题。

(2) 针对实验内容中的部分习题图进行了简要修改,力求更清晰、更具教学效果。

(3) 针对市场上实验器材的最新情况,以颇具代表性的 TPC-ZK 实验系统为例,全面修订了第 2 部分的第 2 篇内容,确保实验课程能够与实验器材更好地配合,使学校和读者能够便捷地获取相应的器材,顺利完成实验。

本书第 5 版特别重视对实验器材部分的修订,充分考虑市场上各个器材厂家的实验板和支持的实验内容。编者将这些信息与本书配套主教材的知识结构和特点相结合,旨在帮助读者更便捷地通过实验深入了解微型计算机技术及应用,而不仅停留在理论知识的层面。

本书设计了丰富多样的实验和习题,以满足读者在不同环境中的特殊需求。读者可根据自身情况有针对性地选择内容,重点在于掌握相关的知识和技能。本书的习题和实验并非需要全部实践,而是为了更好地满足读者的学习需求。

在本书的编写过程中,编者充分吸收了各位老师丰富的教学实验经验。这里特别感谢北京华控通力科技有限公司陈玉春老帅、清湛人工智能研究院管杰老师,以及哥伦比亚大学计算机系王柳人同学的积极参与和支持。

编者
2024 年夏于清华园

第 4 版前言

本书为《微型计算机技术及应用》(第 4 版)的配套教材。前 3 版长期作为清华大学计算机科学与技术系和电子工程系"微型机原理"课程的辅助教材,也被国内 400 多所学校使用。

在和许许多多同行的长期交往和无数次交谈中,老师们共同的看法是,一本优秀的辅助教材能从另一个角度起到提高学生分析问题解决问题的能力和创新能力的作用。由此,本书第 4 版编写过程中,在听取同行大量意见和建议基础上主要作了如下考虑和修订。

(1)密切配合第 4 版主教材。习题部分每章与主教材对应,而主教材的第 4 版与第 3 版相比,无论从内容组织还是安排上都做了相当大的改变。

(2)加强和改进综合训练题。本书第 3 版首次推出综合训练题后,受到很好的评价。有老师说:"将依托扩展板的实验代之以综合训练题,是一举多得的改革,不但避免了必要性不大而投入产出比很大的实验系统开销,更重要的是,真正能培养学生的综合分析能力和创新能力。"为此,第 4 版对综合训练题作了更全面的考虑,使其尽量配合和覆盖主教材中内容,希望能使更多同行感受到,做综合训练题可起到比做扩展板实验更好的作用。

(3)提供两套模拟试卷及其答案。这两套试卷的题量都超过了基本要求,实际上,只要取每份卷子的三分之二题量即可。超题量提供只是为了学生得到较多的训练。

(4)附录中给出的指令详解,全部按照 Pentium 指令系统编排。

对于"微型机原理"或"微型机技术"课程的实验安排,编者和同行进行过很多讨论,几乎一致的意见是,在计算机集成度越来越高的今天,用扩展板做硬件实验,其实价值甚小。因为,一是扩展板上所有的实验,既不需要实验者设计,也不需要实验者连接和检测线路,实际上不是硬件实验;二是这些实验所用线路与当前的计算机技术相距很大,并不能由此提高学生对先进计算机技术的领悟力;三是即使一些厂商推出的所谓改进型扩展板,实际上也仅是扩展板和主机之间的连接作了改变,实验内容仍是老框框和老模式。

本书仍保留了针对"TPC-1 实验系统"的内容,并在附录中给出了 LED 的相关说明,这是考虑到部分一直采用扩展板进行硬件实验的学校需要一个过渡。但是,戴梅萼作为"TPC-1 实验系统"的两名设计者之一,再次向同行诚告,完全不必再购买一些厂商竭力推荐的"微型机实验系统"了,因为这与今天的微型机技术相比,已经落后了 10 多年。

现在,最切合实际的微型机实验,就是让学生打开计算机机箱,看一看主板和系统实物结构,再结合书本知识,做一些分析性和综合性的训练题;动手编一些程序,在 Pentium 系统中调试运行,看看自己的设计是否可行;组织小组和课堂讨论,对未来的微型机技术发展作展望;还可进行不作否定性评判的设想,再分析哪些是可能实现的。

本书使用时,不管是习题还是实验题和综合训练题,都可根据自己学校和专业的特点,选择其中一部分,完全不必全做。

2008 年 2 月于清华大学计算机科学与技术系

第3版前言

本书是为了和《微型计算机技术及应用》(第3版)完全配套而在第2版基础上作大幅度修改而成的。主要作了如下修订。

（1）删除了习题部分第13章单片微型机。

（2）对习题部分的其他内容依据《微型计算机技术及应用》(第3版)的相应章节重新进行了组合和大量增加、删除，原则是缩减已显陈旧的内容，增加新技术的含量。

（3）应广大读者要求，将《微型计算机技术及应用》一书中关于汇编语言指令使用方法和注意点说明作了较多修改以后移到本书作为附录E～G。这部分内容是基于编者几十年教学和科研工作、在阅读很多资料并自己编写2万多行汇编语言程序基础上总结归纳而成的，作为附录放在本书后面，希望给读者在求解、编程中提供方便。

（4）增加了"接口技术和系统技术综合训练题"部分。这部分内容是在听取许多兄弟院校同行建议基础上反复考虑、斟酌、商洽以后编写的，其中的训练题覆盖了主教材每一章的关键内容。其背景和主要考虑如下：编者和清华同方计算机公司的冯一兵高级工程师一起设计的"TPC-1实验系统"已经被不少院校用了整整10年，从近几年兄弟院校同行的来信中，普遍的意见是此系统已经过时了；同时，由于此系统实际上是一大块通过ISA总线连接在主机系统上的扩展板，板上的接口芯片连线全部通过印刷电路预先布好，学生只是在裸板上见到了8位接口芯片的外观，因此，基于此系统进行接口实验，与增强硬件设计能力和增加动手机会的预期目标相距甚远。随着微型机系统集成度的快速提高和总线技术的不断改进，我作为此系统的设计者，应该坦诚地否定此系统在当前的先进性和适用性。正是鉴于上述原因设计了这一套综合训练题以开辟另一条提高实际能力的途径。

在教学安排中，对于"接口实验题"和"综合训练题"部分可考虑如下建议：如已购买"TPC-1实验系统"，则仍可使用"微型机接口实验题"部分，如未购买"TPC-1实验系统"，则可考虑采用"接口技术和系统技术综合训练题"部分，这些训练题尽管不在实验室完成，但是由于其中不少题是启发性或总结性的，所以每个学生会有思路不同的答案、体会和报告，这有助于创新能力和科研能力的培养和提高。在安排中，两种方案都只需根据本专业要求和学时安排选择部分题目，不必全部选用。如未开设"汇编语言程序设计"课程，则在教学安排中，还需要考虑"汇编语言程序设计实验题"部分，但也只需作部分选择。

在本书第2版的15次印刷和发行中，编者收到许许多多同行和学生的来信，他们从不同的角度提出了很多有益的建议和意见，在此向他们表示诚挚的谢意；也请谅解编者由于科研与教学工作的繁忙，不能一一回函，在此一并致以深深的歉意。

本书第3、15章由史嘉权教授执笔，模拟试卷由史云凌解答，其余部分由戴梅萼执笔。

戴梅萼
2003年10月于清华大学计算机科学与技术系

第 2 版前言

本书是和《微型计算机技术及应用》(第 2 版)完全配套的习题和实验题集。与第 1 版相比,主要在以下几方面作了修订。

(1) 删除了习题部分第 11 章音频盒式磁带接口,所以,后面的章节序号依次提前。

(2) 以 MCS-8051 为对象重写了单片微型机一章的习题。

(3) 增加了习题部分第 16~19 章,这几章的习题主要围绕以下内容:32 位微处理器的工作原理、片内两级存储管理、虚拟存储技术、流水线技术、32 位微处理器指令系统特点和高速缓存技术。

(4) 附上了一份模拟试卷,并给出了答案,这一点主要是考虑了许多自学者的要求。

(5) 对第 1 版习题从文字上作了全面修改。

本书第 3、13、14、17、19 章由史嘉权执笔,史云凌对试卷作了解答,其余均由戴梅萼执笔。

戴梅萼

1997 年 5 月于清华大学

第 1 版前言

《微型计算机技术及应用》一书自 1991 年 11 月出版以来，编著者收到了许多读者的热情来信，他们像相识已久的朋友一样提出了不少有益的建议，其中最普遍最一致的便是希望有一本对应的习题和实验题集。希望这本题集的出版能满足广大读者的这一要求。

本题集完全和教材《微型计算机技术及应用》一书相配套。每章的习题针对教材中相应章节的关键技术和主要内容。此外，题集中还包含了部分例题性习题，这类习题实际上是对教材的一种补充，它们一方面提供了程序实例以具体说明一些重要技术的使用方法；另一方面要求读者据此举一反三，去编写一个应用这些技术的另一个程序，或者编写一个更高层次的程序等。实验题集分为软件和硬件两部分。所有的软件实验可以在任何一台 IBM PC/XT、AT、Pentium 机上完成；12 个硬件实验则须另外连接硬件线路才能完成，也可在"TPC-1 实验系统"上进行。TPC-1 实验系统并不是一个独立的系统，而只是一个实验台，它必须通过 62 芯总线驱动板接到 PC 上才能使用。实验台上主要安置了 12 个硬件实验所用到的 8253、8251A、8255A、DAC0832、ADC0809 芯片及附加电路，还有小键盘、数码管、8MHz 晶振、发光二极管等器件（见附录 C）。

在本题集的编写和定稿过程中，北京计算机学院苏开娜副教授提出了许多建设性建议并做了全面审定；清华大学计算机系史嘉权副教授编写了部分章节的习题；清华大学计算机科学与技术系（计九年级）学生史云凌对书中的全部程序进行了调试验证；此外，几位热心的朋友试用了整套习题，并从读者的角度提出许多宝贵意见；还有和我共同设计 TPC-1 实验系统的冯一兵高级工程师等。在此，向他们表示最真诚的谢意。

由于水平所限，书中仍然会有错误和不足之处，敬请读者批评指正。

戴梅萼

1994 年 5 月于清华大学

目　　录

第1部分 习 题

第1章 微型计算机概述

1.1 微处理器、微型计算机和微型计算机系统三者有什么不同?

1.2 CPU 在内部结构上由哪几部分组成? CPU 应具备哪些主要功能?

1.3 累加器和其他通用寄存器相比,有何不同?

1.4 微处理器的控制信号有哪两类?

1.5 微型计算机采用总线结构有什么优点?

1.6 16 位微型机和 32 位微型机的内存容量最大时分别为多少?

1.7 微型机的系统软件主要指哪些?

1.8 微型机的性能指标主要指哪几方面? 看一看你周围的微型机,写下其具体指标。

第2章 微 处 理 器

2.1 微处理器的性能指标主要是什么?

2.2 8086 的总线接口部件由哪几部分组成?

2.3 8086 系统中,设段寄存器 CS＝1200H,指令指针寄存器 IP＝FF00H,此时,指令的物理地址为多少? 指向这一物理地址的 CS 值和 IP 值是唯一的吗?

2.4 8086 的执行部件有什么功能? 由哪几部分组成?

2.5 状态标志和控制标志有何不同? 程序中是怎样利用这两类标志的? 8086 的状态标志和控制标志分别有哪些?

2.6 总线周期的含义是什么? 8086 的基本总线周期由几个时钟组成?

2.7 在总线周期的 T_1、T_2、T_3、T_4 状态,8086 分别执行什么动作? 什么情况下需要插入等待状态 T_W? T_W 在哪儿插入? 怎样插入?

2.8 CPU 启动时有哪些特征? 如何寻找系统的启动程序?

2.9 8086 是怎样解决地址线和数据线的复用问题的? ALE 信号何时处于有效电平?

2.10 $\overline{BHE}$ 信号和 A_0 信号是通过怎样的组合解决存储器和外设端口的读/写操作的? 这种组合决定了 8086 系统中存储器偶地址体及奇地址体之间应该用什么信号区分? 怎样区分?

2.11 RESET 信号来到后,CPU 的状态有哪些特点?

2.12 在中断响应过程中,8086 往 8259A 发的两个 $\overline{INTA}$ 信号分别起什么作用?

2.13 总线保持过程是怎样产生和结束的? 画出时序图。

2.14 在编写程序时,为什么通常总要用开放中断指令来设置中断允许标志?

2.15 T_1状态下,8086 的数据/地址线上是什么信息?用哪个信号将此信息锁存起来?数据信息是在什么时候给出的?用时序图表示出来。

2.16 画出 8086 最小模式时的读周期时序。

2.17 按照产生中断的方法,中断分为哪两大类?

2.18 非屏蔽中断有什么特点?可屏蔽中断有什么特点?分别用在什么场合?

2.19 中断向量指什么?放在哪里?对应 8086 的 1CH 的中断向量存放在哪里?如果 1CH 的中断处理子程序从 5110H：2030H 开始,则中断向量应怎样存放?

2.20 从 8086 的中断向量表中可以看到,如果一个用户想定义某个中断,应该选择在什么范围?

2.21 非屏蔽中断处理程序的入口地址怎样寻找?

2.22 叙述可屏蔽中断的响应过程,对于 16 位微型机系统来说,一个可屏蔽中断或者非屏蔽中断响应后,堆栈顶部 4 个单元中是什么内容?

2.23 一个可屏蔽中断请求来到时,通常只要中断允许标志为 1,便可在执行完当前指令后响应,在哪些情况下有例外?

2.24 在对堆栈指针进行修改时,要特别注意什么问题?为什么?

2.25 在编写中断处理子程序时,为什么要在子程序中保护许多寄存器?有些寄存器即使在中断子程序中并没有用到也需要保护,这又是为什么(联系串操作指令执行时遇到中断这种情况来回答)?

2.26 一个可屏蔽中断响应时,CPU 要执行哪些读/写周期?对一个软件中断又如何?

2.27 中断处理子程序在结构上一般是怎样一种模式?

2.28 软件中断有哪些特点?在中断处理子程序和主程序的关系上,软件中断和硬件中断有什么不同之处?

2.29 8086 的存储器空间最大可以为多少?怎样用 16 位寄存器实现对 20 位地址的寻址?

2.30 与前几代 CPU 相比,Pentium 主要采用了哪些先进技术?

2.31 从体系结构上,Pentium 从哪些方面进行了改进?

2.32 阐述 Pentium 的主要部件及其功能。

2.33 Pentium 的总线接口部件(BIU)实现哪些功能?

2.34 采用 CISC 技术和 RISC 技术的 CPU 分别有什么特点?

2.35 什么叫超标量流水线技术?Pentium 有哪两条流水线?两条流水线有什么区别?

2.36 分支预测技术的优点是什么?

2.37 分支预测技术是基于怎样的规律而实施的?叙述分支预测技术的实现原理。

2.38 Pentium 的指令流水线由哪些部件组成?每个部件各自实现怎样的功能?

2.39 Pentium 的指令流水线是怎样运行的?

2.40 Pentium 有哪三种工作方式?为什么要这么多工作方式?

2.41 Pentium 的实地址工作方式有什么特点?

2.42 Pentium 的实地址方式用于什么时候?为什么说它是为建立保护方式作准备的?

2.43 Pentium 通常工作于什么方式?能够一开机就进入这种方式吗?

2.44 保护方式有哪些特点？保护方式下为什么要用三种地址来描述存储空间？

2.45 Pentium 的虚拟 8086 方式有什么特点？为什么要设置这种方式？

2.46 实地址方式和虚拟 8086 方式都是类似 8086 的方式，从使用场合和工作特点上看，这两种方式有哪些主要差别？

2.47 Pentium 的标志寄存器中，哪些是状态标志？哪些是控制标志？哪些是系统方式标志？

2.48 Pentium 的段寄存器和 8086 有什么差别？这种差别为 Pentium 的功能提高带来什么长处？

2.49 Pentium 在三种工作方式下，段的长度有哪些差别？

2.50 什么叫段基址？它有多少位？什么叫段选择子？段选择子包含哪些内容？

2.51 Pentium 的段描述符寄存器中包含哪些内容？

2.52 Pentium 的逻辑地址、线性地址、物理地址分别指什么？它们的寻址能力分别为多少？

2.53 Pentium 的系统地址寄存器指哪几个寄存器？

2.54 Pentium 采用片内两级存储管理有什么优点？

2.55 Pentium 采用哪几种描述符表？这些表的设置带来什么优点？

2.56 在非系统段描述符中，用 ED/C 作为描述本段扩展方向的段类型位，说明"向上扩展"和"向下扩展"的含义。

2.57 Pentium 的主要信号分为哪几类？

2.58 Pentium 的寄存器分为哪几类？

2.59 Pentium 的标志寄存器和 8086 相比扩展了哪些标志位？

2.60 Pentium 的对外信号分为哪几类？和 16 位微处理器相比，哪些信号有明显区别？

2.61 Pentium 有哪几种总线状态？分别有什么特点？

2.62 结合主教材中的图 2.34 说明各总线状态之间的转换关系。

2.63 流水线式和非流水线式的总线周期各有什么特点？

2.64 结合主教材中图 2.35 说明非流水线式读/写周期的时序关系。

2.65 结合主教材中图 2.36 说明流水线式读/写周期的时序关系。

2.66 什么是突发式数据传输？结合主教材中图 2.37 说明突发式读/写周期的时序关系。

2.67 Pentium 的中断机制和 16 位 CPU 有什么差别？

2.68 Pentium 的异常指哪些情况？

2.69 Pentium 的故障和陷阱有什么差别？哪类异常是真正的异常？

2.70 中断向量和中断描述符之间是怎样一种关系？

2.71 Pentium 的保护机制的思想是怎样的？

2.72 Pentium 的段级保护是怎样实现的？Pentium 的页级保护是怎样实现的？

2.73 Pentium Pro 和 Pentium Ⅱ 分别在哪几方面作了技术改进？

2.74 Pentium Ⅲ 主要作了什么技术改进？Pentium Ⅳ 从哪几方面进行了改进？

2.75 Itanium 采用了哪些技术使性能在多方面得到提高？

第3章 32位x86指令系统

3.1 Pentium 的寻址方式有哪几类? 用哪种寻址方式的指令执行速度最快?

3.2 用立即数寻址的指令要注意什么?

3.3 输入/输出指令有哪两类? 使用这两类指令要注意什么?

3.4 存储器寻址时,最多可以包含哪些分量?

3.5 用寄存器间接寻址方式时,BP、SP、EBP、ESP 有什么特殊性?

3.6 用非默认段进行寻址时,段寄存器怎样指出?

3.7 通用传送指令使用时,要注意什么问题?

3.8 当用 MOVZX 和 MOVSX 指令时,传送执行后,结果有什么区别? 试以传送 9FH 为例说明。

3.9 使用堆栈操作指令时要注意什么问题? 传送指令和交换指令在涉及内存操作数时分别要注意什么问题?

3.10 下面这些指令中哪些是正确的? 哪些是错误的? 如是错误的,说明原因。

```
XCHG      CS,AX
MOV       [BX],[1000]
XCHG      BX,IP
PUSH      CS
POP       CS
IN        BX,DX
MOV       BYTE [BX],1000
MOV       CS,[1000]
```

3.11 BSWAP 指令的功能是什么? 如果 EBX 中原来存放 1234 4321H,那么执行指令 BSWAP EBX 以后,EBX 中的内容是什么?

3.12 用加法指令设计一个简单程序,实现两个 16 位十进制数相加,结果放在被加数单元。

3.13 为什么用增量指令或减量指令设计程序时,在这类指令后面不用进位标志 CF 作为判断依据?

3.14 用乘法指令时,特别要注意先判断用有符号数乘法指令还是用无符号数乘法指令,这是为什么?

3.15 字节扩展指令和字扩展指令用在什么场合? 举例说明。

3.16 什么叫 BCD 码? 什么叫组合的 BCD 码? 什么叫非组合的 BCD 码? Pentium 的汇编语言在对 BCD 码进行加、减、乘、除运算时,采用什么方法?

3.17 用普通运算指令执行 BCD 码运算时,为什么要进行十进制调整? 具体地讲,在进行 BCD 码的加、减、乘、除运算时,程序段的什么位置必须加上十进制调整指令?

3.18 普通移位指令和循环移位指令(带 CF 的和不带 CF 的两类)在执行操作时,有什么差别? 在编制乘除法程序时,为什么常用移位指令来代替乘除法指令? 试编写一个程序段,实现将 BX 中的数除以 10,结果仍放在 BX 中。

3.19 用串操作指令设计实现如下功能的程序段:首先将 100H 个数从 2170H 处传输到 1000H 处,然后,从中检索相等于 AL 中字符的单元,并将此单元值换成空格符。

3.20 使用条件转移指令时,特别要注意它们均为相对转移指令,解释"相对转移"的含义。如果要往较远的地方进行条件转移,那么,程序中应该怎样设置?

3.21 带参数的返回指令用在什么场合? 设栈顶地址为 3000H,当执行 RET 0006 后,SP 的值为多少?

3.22 用循环控制指令设计程序段,从 60H 个元素中寻找一个最大值,结果放在 AL 中。

3.23 中断指令执行时,堆栈的内容有什么变化? 中断处理子程序的入口地址是怎样得到的?

3.24 中断返回指令 IRET 和普通子程序返回指令 RET 在执行时,具体操作有什么不同?

3.25 断点中断是怎样一种中断? 在程序调试中有什么作用? 断点中断指令有什么特点? 设置断点过程对应了一种什么操作? 这种操作会产生什么运行结果?

3.26 HLT 指令用在什么场合? 如 CPU 在执行 HLT 指令时遇到硬件中断并返回后,应执行哪条指令?

3.27 在 DS 段中有一个从 TABLE 开始的由 160 个字符组成的链表,设计一个程序,实现对此表进行搜索,找到第一个非 0 元素后,将此单元和下一单元清 0。

3.28 下面的程序段将 ASCII 码的空格字符填满 100 字节的字符表。阅读这一程序段,画出流程,并说明使用 CLD 指令和 REP STOSB 指令的作用,再指出 REP STOSB 指令执行时和哪几个寄存器的设置有关?

```
        MOV     CX,SEG TABLE        ;TABLE 为字节表表头
        MOV     ES,CX
        MOV     DI,OFFSET TABLE     ;DI 指向字节表
        MOV     AL,''               ;空格符送 AL
        MOV     CX,64H              ;字节数
        CALL    FILLM               ;调用填数子程序
        ⋮                           ;后续处理
FILLM:  JCXZ    EXIT                ;CX 为 0 则退出
        PUSH    DI                  ;保存寄存器
        PUSH    CX
        CLD                         ;方向标志清 0
        REP     STOSB               ;重复填数
        POP     CX
        POP     DI
EXIT:   RET
```

3.29 以下程序段将一个存储块的内容复制到另一个存储块,进入存储段时,SI 中为源区起始地址的偏移量,DI 中为目的区起始地址的偏移量,CX 中为复制的字节数。阅读此程序段并具体说明 REP MOVSB 指令使用时与哪些寄存器有关?

```
          PUSH       DI                    ;保存寄存器
          PUSH       SI
          PUSH       CX
          CMP        DI,SI                 ;看源区和目的区的地址哪个高
          JBE        LOWER                 ;如目的区地址较低,则转移
          STD                              ;如目的区地址高,则设方向标志为1
          ADD        SI,CX                 ;从最后一个字节单元开始复制
          DEC        SI                    ;调整源区地址
          ADD        DI,CX
          DEC        DI                    ;调整目的区地址
          JMP        MOVEM
   LOWER: CLD                              ;从第1个字节单元开始复制
   MOVEM: REP        MOVSB
          POP        CX
          POP        SI
          POP        DI
          RET
```

3.30 下面的程序段实现对两个存储区中的字进行比较。如找到一对不同的字,则退出,此时,ZF 标志为 0,DI 指向此字;如两个存储区中所有字均一一相同,则退出程序时,CX 中值为 0,ZF 标志为 1。阅读这一程序段,并仿此设计一个比较字节块的程序段。

```
   MATT:    MOV     SI,OFFSET SOURCE      ;源区首址
            MOV     DI,OFFSET TARGET      ;目的区首址
            MOV     CX,NUMBER
            JCXZ    EXIT                  ;如 CX 为 0,则结束
            PUSH    CX                    ;保存有关寄存器
            PUSH    SI
            PUSH    DI
            CLD                           ;清方向标志
            REPE    CMPSW                 ;比较
            JZ      MATCH                 ;ZF 标志为1,则转移
            PUSHF                         ;ZF 标志为0,则 DI 指向此字
            SUB     DI,2
            POPF
            JMP     EXIT                  ;退出
   MATCH:   POP     DI                    ;恢复寄存器
            POP     SI
            POP     CX
   EXIT:    RET
```

3.31 卜面的程序段实现在 TABLE 为起始地址的 100 个字符长度的表中检索" "字符。分析这一程序段,然后说明 REPNE SCASB 指令的具体执行过程。

```
        START:      MOV      CX,SEG TABLE          ;表段地址送 ES
                    MOV      ES,CX
                    MOV      DI,OFFSET TABLE       ;表偏移量送 DI
                    MOV      AL,' '                ;检索的关键字
                    MOV      CX,64H                ;检索的字节数
                    PUSH     DI                    ;保存起始地址
                    CLD                            ;清除方向标志
                    REPNE    SCASB                 ;检索
                    JNZ      NFOUN                 ;如未找到,则转移
                    SUB      DI,1                  ;如找到,则指向此字符
                    JMP      EXIT
        NFOUN:      POP      DI                    ;恢复起始地址
        EXIT:       RET
```

3.32 下面是一个实现 16 位非组合 BCD 码相加的程序段,阅读这一程序段后再设计一个实现 16 位非组合 BCD 码减法的程序。

```
        ANBCD:      MOV      CH,AH                 ;进入程序段时,AX 中为第 2 个操作数
                    ADD      AL,BL                 ;BX 中为被加数,实现低 8 位相加
                    AAA
                    XCHG     AL,CH
                    ADC      AL,BH                 ;实现高 8 位相加
                    AAA
                    MOV      AH,AL                 ;和保存在 AX 中
                    MOV      AL,CH
                    RET
```

3.33 下面的程序段实现两个 16 位组合 BCD 码相减,进入程序时,BX 中为被减数,AX 中为减数,程序执行后,结果在 AX 中。仿照这一程序段设计两个 16 位组合 BCD 码相加的程序。

```
        STASUB:     MOV      CH,AH                 ;保存高 8 位
                    SUB      AL,BL                 ;低 8 位相减
                    DAS                            ;十进制调整
                    XCHG     AL,CH
                    SBB      AL,BH                 ;高 8 位相减
                    DAS
                    MOV      AH,AL                 ;结果保存在 AX 中
                    MOV      AL,CH
                    RET
```

3.34 下面是一个实现组合的 32 位 BCD 码除以组合的 16 位 BCD 码的程序,结果得到 16 位组合的 BCD 码的商和 16 位组合的 BCD 码的余数。进入程序时,被除数在 DX、AX 中,除数在 BX 中,程序执行后,商在 AX 中,余数在 DX 中。为子程序 2BCD 加上详细注释,再分析整个程序,并画出详细流程图。

DIBCD:	PUSH	AX	;被除数低 16 位进堆栈
	MOV	AX,BX	;除数送 AX
	CALL	BCD2	;将除数转换为二进制数
	MOV	BX,AX	;除数送回 BX
	MOV	AX,DX	;将被除数高 16 位转换为二进制数
	CALL	BCD2	
	MOV	CX,10000	;被除数高 16 位乘 10000
	MUL	CX	
	MOV	SI,AX	;被除数高 16 位保存到 SI
	POP	AX	
	CALL	BCD2	;被除数低 16 位转换为二进制数
	ADD	AX,SI	
	ADC	DX,0	;DX 和 AX 中得到二进制被除数
	DIV	BX	;除法运算
	MOV	CX,AX	;商存入 CX
	MOV	AX,DX	;余数存入 AX
	CALL	2WBCD	;余数转换为 BCD 码
	MOV	DX,AX	;余数送 DX
	MOV	AX,CX	;商转换为 BCD 码
	CALL	2WBCD	
	RET		
BCD2:	MOV	SI,AX	
	SUB	AX,AX	
	CALL	CONVER	;转换最高 1 个 BCD 码(4 位二进制)
	CALL	CONVER	;转换次高 1 个 BCD 码
	CALL	CONVER	;转换次低 1 个 BCD 码
	CALL	CONVER	;转换最低 1 个 BCD 码
	RET		
CONVER:	MOV	DI,0	;清 DI
	MOV	CX,4	;4 次移位
SHIF:	SHL	SI,1	;左移 1 次
	RCL	DI,1	;左移的数位进入 DI
	LOOP	SHIF	
	MOV	CX,10	;结果乘 10
	MUL	CX	
	ADD	AX,DI	;加上新的数,结果在 AX 中
	RET		
2WBCD:	CMP	AX,9999	;数据是否太大
	JBE	2BCD	;否,则转 2BCD
	STC		
	JC	EXIT	;是,则退出
2BCD:	SUB	DX,DX	
	MOV	CX,1000	
	DIV	CX	
	XCHG	AX,DX	
	MOV	CL,4	
	SHL	DX,CL	
	MOV	CL,100	
	DIV	CL	

```
          ADD        DL,AL
          MOV        CL,4
          SHL        DX,CL
          XCHG       AL,AH
          SUB        AH,AH
          DIV        CL
          ADD        DL,AL
          MOV        CL,4
          SHL        DX,CL
          ADD        DL,AH
          MOV        AX,DX
     EXIT:RET
```

3.35 以下程序将一个 8 位二进制数转换为 2 位 BCD 码,进入程序时,AL 中为二进制数;退出程序时,如 CF 为 0,则 AL 中为 BCD 码,如 CF 为 1,则表示由于输入值超出范围故结果无效。阅读下面程序后,画出流程图,然后设计一个将组合的 BCD 码(2 位)转换为 8 位二进制数的程序。

```
     START:    CMP     AL,99          ;是否超出范围
               JBE     STRAT
               STC                    ;是,则转 EXIT,并给 CF 置 1
               JC      EXIT
     STRAT:    MOV     CL,10          ;10 作为除数
               XOR     AH,AH
               CBW                    ;将 AL 中数扩展到 AH
               DIV     CL             ;除法结果 AL 中为高位,AH 为低位
               MOV     CL,4
               SHL     AL,CL          ;左移 4 位
               OR      AL,AH          ;合成 BCD 码在 AL 中
     EXIT:     RET
```

3.36 下面的程序将两个字符串合并为一个字符串。在进入程序前,设第一个字符串的地址偏移量和字符串长度已分别放在 DI 和 BX 中,第二个字符串的地址偏移量和字符串长度则分别放在 SI 和 CX 中。阅读下面程序并画出流程图,在此基础上,再设计一个将三个字符串合并为一个字符串的程序(设进入程序前第三个字符串的地址偏移量和字符串长度分别在 DX 和 AX 中)。

```
     START:    JCXZ    EXIT           ;如第二个字符串长度为 0,则退出
               CMP     BX,0
               JE      EXIT           ;如第一个字符串长度为 0,则退出
               PUSH    DI             ;保存第一个字符串地址
               PUSH    CX
               PUSH    DI
               ADD     DI,BX          ;计算第一个字符串末地址
               CMP     SI,DI          ;第一个字符串末地址是否超过第二个字符串首地址
```

```
        JA          OKOK1          ;否,则转
        POP         DI
        PUSH        SI             ;保存第二个字符串地址
        ADD         SI,CX          ;计算第二个字符串末地址
        CMP         SI,DI          ;第二个字符串末地址是否高于第一个字符串首地址
        POP         SI
        JBE         OKOK2          ;否,则转
        SUB         DI,DI          ;是,则使 ZF 为 0,且退出
        JZ          EXEX
OKOK1:POP           DI
OKOK2:CLD                          ;连接两个字符串
        REP         MOVSB
        MOV         SI,DI          ;SI 指向新串首址
        POP         CX
        ADD         BX,CX          ;BX 为新串长度
EXEX:POP            CX
        POP         DI
EXIT:RET
```

3.37　下列程序将第二个字符串插入第一个字符串中的指定位置,为此,要在插入点处将第一串的后面部分往后移动相当于第二串长度的空间。设进入程序时,第一串的地址偏移量和字符串长度分别在 DI 和 BX 中,第二串的地址偏移量和字符串长度分别在 SI 和 CX 中,BP 为插入点的偏移量。阅读程序并画出流程,再说明 ZF 在程序中的作用,并对插入过程作详细注释。

```
START:   JMP        INSERT
SIZE2    DW         ?              ;保存 CX 用
OFF1     DW         ?              ;保存 DI 用
INSERT:  JCXZ       QUIT           ;第二个字符串为空串,则退出
         CMP        BX,0
         JE         QUIT           ;第一个字符串为空串,则退出
         MOV        SIZE2,CX       ;保存 CX
         MOV        OFF1,DI        ;保存 DI
         ADD        DI,BX
         CMP        SI,DI          ;第二个字符串是否已在第一个字符串中
         JAE        OKOK           ;否,则转
         PUSH       SI
         ADD        SI,CX
         CMP        SI,OFF1        ;第一个字符串是否覆盖第二个字符串
         POP        SI
         JBE        OKOK           ;否,则转
         SUB        DI,DI          ;使 ZF 为 0
         JZ         EXIT
OKOK:    STD                       ;完成插入
         PUSH       SI
```

```
          DEC      DI
          MOV      SI,DI
          ADD      DI,CX
          MOV      CX,SI
          SUB      CX,BP
          INC      CX
          REP      MOVSB
          CLD
          POP      SI
          MOV      CX,SIZE2
          MOV      DI,BP
          REP      MOVSB
          MOV      SI,BP          ;SI 指向新址
          ADD      BX,SIZE2       ;BX 为新串长
 EXIT：   MOV      DI,OFF1        ;恢复 DI
          MOV      CX,SIZE2       ;恢复 CX
 QUIT：   RET
```

3.38 设计一个程序,先将 32 位标志推入堆栈,然后用换码指令取 ABC 为表头的表格第 6 项,将其作双字高位扩展,最后把得到的 8 字节数据送 ES:EDI 指出的存储区,并恢复标志。

3.39 设计两个 32 位数相乘的程序,将乘积送到 ABC 指示的内存区。

3.40 设计一个程序,先用一条指令将 EAX 中预置的数右移 5 位,将 EBX 中低位移入 EAX,再用一条指令将 AL 中数右移 3 位,BL 中低位移入 AL。

3.41 用串操作指令设计一个程序,在 WWW 开始的长度为 100H 个字的区域检索一个关键字,如检索到则返回,否则执行后续程序段,关键字预先放在 AX 中。

3.42 在一个长 200H 字节的位图中寻找非零字节,如找到,则转到 WRT 开始的程序段,如未找到,则执行后续程序段。

3.43 利用 32 位的双字节交换指令和比较指令编制一个程序实现如下功能:先设置一个含 10 项的表格,每项 32 位,对应一个 8 位的十六进制数,然后,将每项中十六进制数的位次序作反转,再对反转以后的数据作检索,如检索到 7654 3210H,则显示检索次数并退出,否则每项数据加 1 再检索,直到程序退出。

3.44 用 CPUID 指令读取 CPU 的标识字符串。

第 4 章　存储器、存储管理和高速缓存技术

4.1 存储器分为哪两大类? 分别有什么特点?

4.2 选择存储器要考虑哪几方面的性能?

4.3 随机存储器有哪两类? 各有什么特点?

4.4 DRAM 根据什么原理进行刷新? DRAM 刷新控制器应具备什么功能?

4.5 RAM 有哪几种类型? 各有什么性能特点?

4.6 ROM 有哪几种类型? 各有什么性能特点?

4.7 存储器在系统中连接时要考虑哪几方面的问题？

4.8 存储器的片选信号有哪几种构成方法？各有什么优缺点？

4.9 为什么在存储器连接中常常不用读信号？

4.10 微型机系统中存储器的层次化总体结构是如何体现的？系统在运行时存储器各层次之间如何协调？

4.11 32 位微型机的存储器是如何组织的？32 位系统中通常用什么信号作为体选信号？在 Pentium 中，存储体的体选信号是什么？

4.12 存储器访问中，对准状态的含义是什么？程序设计时避免非对准状态有什么优点？如何做到这一点？

4.13 Pentium 的地址线中没有 A_1 和 A_0，而用 $\overline{BE_0} \sim \overline{BE_3}$ 来产生 A_1 和 A_0 应起的作用，这样做有什么优点？结合数据线 $D_0 \sim D_{31}$ 说明这一点。

4.14 从 Pentium Pro 开始，寻址空间达到 64GB，这是怎么算出来的？

4.15 什么叫存储器的逻辑地址？什么叫存储器的线性地址？

4.16 哪个部件实现逻辑地址到线性地址的转换？哪个部件实现线性地址到物理地址的转换？

4.17 描述符表包含什么内容？采用描述符表有什么优点？

4.18 段选择子包含哪几部分？其中的索引字段有什么功能？

4.19 在段描述符中，段基址和段界限值各代表什么意义？

4.20 Pentium 系统中，有几种描述符表？局部描述符表和全局描述符表之间有什么关系？在系统运行中，两者是用什么参数来选择的？

4.21 结合主教材中图 4.17，概述如何实现逻辑地址到线性地址的转换。

4.22 结合主教材中图 4.18，概述如何实现线性地址往物理地址的转换。

4.23 分页部件用什么机制实现线性地址往物理地址的转换？

4.24 页组目录项表是如何在存储器中定位的？页表又是如何定位？物理存储器中的一页和哪个表中的一项对应？

4.25 在页表中，是如何跟踪某页的写操作和读操作的？

4.26 设线性地址为 0272 3142H，具体说明在 Pentium 系统中，如何通过页组目录项表和页表将其转换为物理地址。这里，设 CR_3 中值为 0000 0000H；访问页组前，内存中已有 3 页被访问过并已定位；访问此页前，内存已有 40 页被定位。

4.27 TLB 是什么样的功能部件？具体说明其中存放什么内容，起什么作用？

4.28 TLB 在命中和未命中两种情况下，系统将分别进行什么动作？

4.29 TLB 在得到一个索引地址时，是如何决定是否被命中的？

4.30 Cache 是怎样一种存储器？Cache 有什么特点？

4.31 Cache 技术的基本思想和出发点是什么？一个 Cache 系统由哪几个主要部分组成？

4.32 区域性定律适用于哪一方面？它包含哪两类区域性？

4.33 Cache 的组织方式有哪几种？各有什么特征？

4.34 结合主教材中图 4.24 说明在全相联 Cache 系统中，主存 EF 526CH 单元的内容和地址是如何复制到 Cache 中的？再说明在下次 CPU 读取 EF 526CH 单元时,系统将如何操作？

4.35 直接映射方式的 Cache 系统为什么速度比全相联方式快？以访问地址 01 FFF7H 单元为例,结合主教材中图 4.25 说明直接映射方式下系统将怎样动作？

4.36 在组相联方式 Cache 中,一般采用双路相联或四路相联方式,在选择区块位置时,可以采用哪三种解决办法？

4.37 在配置 64KB 直接映射方式 Cache、每个区块为 4 字节的情况下,试以访问 6794F8H 单元为例,说明如何进行操作。

4.38 Cache 的数据一致性指什么？Cache 通写式和回写式的含义是什么？

4.39 Cache 系统中的 Cache 控制器主要完成哪些功能？

4.40 说明 Cache 控制器 82385 工作于直接映射方式和双路组相联方式下的目录含义和映射机制。

4.41 结合主教材中图 4.27 和图 4.28 说明 Cache 控制器 82385 工作于直接映射方式时,Cache 中的每一组是如何和目录项对应的？再说明,如果存储页 2 中的第 5 区块目前已映射在 Cache 中,那么,82385 的目录项中是如何表示的？

4.42 Cache 系统如果在访问时未命中,系统将怎样动作？

4.43 结合主教材中图 4.29 和图 4.30 说明 82385 工作于双路组相联方式时,如何用目录选中 Cache 的一个区块？

4.44 在双路组相联方式下,如果第一次读操作命中一个区块,那么接着再读下一个区块时,可能会产生怎样的两种情况？

4.45 Pentium 的两级 Cache 组织采用什么协议？解释每个字母的含义。

4.46 Pentium 的 Cache 操作有什么特点？

4.47 影响 Cache 性能的主要因素是什么？

第 5 章　微型计算机和外设的数据传输

5.1 外设为什么要通过接口电路与主机系统相连？存储器需要接口电路和总线相连吗？为什么？

5.2 是不是只有串行数据形式的外设需要接口电路与主机系统连接？为什么？

5.3 接口电路的作用是什么？按功能可分为几类？

5.4 数据信息有哪几类？举例说明它们各自的含义。

5.5 CPU 和输入/输出设备之间传送的信息有哪几类？

5.6 什么叫端口？通常有哪几类端口？计算机对 I/O 端口编址时通常采用哪两种方法？

5.7 为什么有时候可以使两个端口对应一个地址？

5.8 CPU 和外设之间的数据传送方式有哪几种？实际选择某种传送方式时,主要依据是什么？

5.9 无条件传送方式用在哪些场合？画出无条件传送方式的工作原理图并说明。

5.10 条件传送方式的工作原理是怎样的？主要用在什么场合？画出条件传送(查询)方

式输出过程的流程图。

5.11 设 1 个接口的输入端口地址为 0100H,而它的状态端口地址为 0104H,状态端口中第 5 位为 1 表示输入缓冲区中有 1 字节准备好,可输入。设计具体程序实现查询式输入。

5.12 查询式传送方式有哪些优缺点?中断方式为什么能弥补查询式的缺点?

5.13 画 1 个用中断方式进行输出传输的接口电路。

5.14 叙述可屏蔽中断的响应和执行过程。

5.15 通常解决中断优先级的方法有哪几种?各有什么优缺点?

5.16 结合主教材中的图 5.9 说明可编程中断控制器解决中断优先级问题的工作原理。

5.17 和 DMA 方式比较,中断传送方式有什么不足之处?

5.18 DMA 控制器应具备哪些功能?为此,DMA 控制器应该具有哪些功能部件?

5.19 在启动 DMA 方式传输前,CPU 要对 DMA 控制器预置哪些信息?

5.20 叙述用 DMA 方式传输单个数据的全过程。

5.21 DMA 控制器的地址线为什么是双向的?什么时候往 DMA 控制器传输地址?什么时候 DMA 控制器往地址总线传输地址?

5.22 在设计 DMA 传输程序时,要有哪些必要的程序模块?设计一个用 DMA 方式实现数据块输出的程序段。

第 6 章   串并行通信和接口技术

6.1 接口部件的输入/输出操作具体对应哪些功能?举例说明。

6.2 从广义上说接口部件有哪些功能?

6.3 怎样进行奇/偶校验?如果用偶校验,现在所传输的数据中,1 的个数为奇数,那么,校验位应为多少?

6.4 什么叫覆盖错误?接口部件如何反映覆盖错误?

6.5 接口部件和总线之间一般有哪些部件?它们分别完成什么功能?

6.6 为什么串行接口部件中的 4 个寄存器可以只用 1 位地址来进行区分?

6.7 在数据通信系统中,什么情况下可用全双工方式?什么情况下可用半双工方式?

6.8 什么叫同步通信方式?什么叫异步通信方式?它们各有什么优缺点?

6.9 什么叫波特率因子?什么叫波特率?设波特率因子为 64,波特率为 1200,那么时钟频率为多少?

6.10 标准波特率系列指什么?

6.11 设异步传输时,每个字符对应 1 个起始位、7 个信息位、1 个奇/偶校验位和 1 个停止位,如果波特率为 9600,则每秒能传输的最大字符数为多少个?

6.12 从 8251A 的编程结构中,可以看到 8251A 有几个寄存器和外部电路有关?一共要几个端口地址?为什么?

6.13 8251A 内部有哪些功能模块?其中读/写控制逻辑电路的主要功能是什么?

6.14 什么叫异步工作方式?画出异步工作方式时 8251A 的 TxD 和 RxD 线上的数据

格式。

6.15 什么叫同步工作方式？什么叫双同步字符方式？外同步和内同步有什么区别？画出双同步字符方式工作时 8251A 的 TxD 线和 RxD 线上的数据格式。

6.16 8251A 和 CPU 之间有哪些连接信号？其中，C/$\overline{\text{D}}$ 如何和 $\overline{\text{RD}}$、$\overline{\text{WR}}$ 结合起来完成对命令、数据的写入及状态、数据的读出？

6.17 8251A 和外设之间有哪些连接信号？

6.18 8251A 的 $\overline{\text{DTR}}$、$\overline{\text{DSR}}$、$\overline{\text{RTS}}$、$\overline{\text{CTS}}$ 4 个信号是否可只用其中 2 个或全部不用？要特别注意什么？说明 $\overline{\text{CTS}}$ 的连接方法。

6.19 对 8251A 进行编程时，必须遵守哪些约定？

6.20 8251A 的模式字格式如何？参照主教材中给定格式编写如下模式字：异步方式，1个停止位，偶校验，7 个数据位，波特率因子为 16。

6.21 8251A 控制字的格式如何？参照主教材中列出的格式给出符合如下要求的控制字：发送允许，接收允许，$\overline{\text{DTR}}$ 端输出低电平，TxD 端发送空白字符，$\overline{\text{RTS}}$ 端输出低电平，内部不复位，出错标志复位。

6.22 8251A 的状态字格式如何？哪几位和引脚信号有关？状态位 TxRDY 和引脚信号 TxRDY 有什么区别？它们在系统设计中有什么用处？

6.23 参考初始化流程，用程序段对 8251A 进行同步模式设置。奇地址端口地址为 66H，规定用内同步方式，同步字符为 2 个，用奇校验，7 个数据位。

6.24 设计一个采用异步通信方式输出字符的程序段，规定波特率因子为 64，7 个数据位，1 个停止位，用偶校验，端口地址为 40H、42H，缓冲区首址为 2000H：3000H。

6.25 并行通信和串行通信各有什么优缺点？

6.26 在输入过程和输出过程中，并行接口分别起什么作用？

6.27 8255A 的 3 个端口在使用时有什么差别？

6.28 当数据从 8255A 的端口 C 往数据总线上读出时，8255A 的几个控制信号 $\overline{\text{CS}}$、A_1、A_0、$\overline{\text{RD}}$、$\overline{\text{WR}}$ 分别是什么？

6.29 8255A 的方式选择控制字和置 1/置 0 控制字都是写入控制端口的，那么，它们是由什么来区分的？

6.30 8255A 有哪几种基本工作方式？对这些工作方式有什么规定？

6.31 对 8255A 设置工作方式，8255A 的控制口地址为 00C6H。要求端口 A 工作在方式 1，输入；端口 B 工作在方式 0，输出；端口 C 的高 4 位配合端口 A 工作，低 4 位为输入。

6.32 设 8255A 的 4 个端口地址为 00C0H、00C2H、00C4H、00C6H，要求用置 0/置 1 方式对 PC_6 置 1，对 PC_4 置 0。

6.33 8255A 在方式 0 时，如进行读操作，CPU 和 8255A 分别要发什么信号？对这些信号有什么要求？据此画出 8255A 方式 0 的输入时序。

6.34 8255A 在方式 0 时，如进行写操作，CPU 和 8255A 分别要发什么信号？画出这些信号之间的时序关系。

6.35 8255A 的方式 0 一般使用在什么场合？在方式 0 时，如要使用应答信号进行联络，应该怎么办？

6.36 8255A 的方式 1 有什么特点？参考主教材中的说明，用控制字设定 8255A 的 A 口工作于方式 1，并作为输入口；B 口工作于方式 1，并作为输出口。用文字说明各个控制信号和时序关系。假定 8255A 的端口地址为 00C0H、00C2H、00C4H、00C6H。

6.37 8255A 的方式 2 用在什么场合？说明端口 A 工作于方式 2 时各信号之间的时序关系。

第7章 中断控制器

7.1 8259A 的初始化命令字和操作命令字有什么差别？它们分别对应于编程结构中哪些内部寄存器？

7.2 8259A 的中断屏蔽寄存器（IMR）和标志寄存器中的中断允许标志 IF 有什么差别？在中断响应过程中，它们怎样配合起来工作？

7.3 8259A 的全嵌套方式和特殊全嵌套方式有什么差别？各自用在什么场合？

7.4 8259A 的优先级自动循环方式和优先级特殊循环方式有什么差别？

7.5 8259A 的特殊屏蔽方式和普通屏蔽方式相比，有哪些不同之处？特殊屏蔽方式一般用在什么场合？

7.6 8259A 有几种结束中断处理的方式？各自应用在什么场合？除了中断自动结束方式以外，其他情况下如果没有在中断处理程序中发中断结束命令，会出现什么问题？

7.7 8259A 引入中断请求的方式有哪几种？如果对 8259A 用查询方式引入中断请求，那会有什么特点？中断查询方式用在什么场合？

7.8 8259A 的初始化命令字有哪些？它们各自有什么含义？哪几个应写入奇地址？哪几个应写入偶地址？

7.9 8259A 的 ICW_2 设置了中断类型号的哪几位？说明对 8259A 分别设置 ICW_2 为 30H、38H、36H 有什么差别？

7.10 8259A 通过 ICW_4 可以给出哪些重要信息？什么情况下不需要用 ICW_4？什么情况下要设 ICW_3？

7.11 试按照如下要求对 8259A 设置初始化命令字：系统中有一片 8259A，中断请求信号用电平触发方式，下面要用 ICW_4，中断类型号为 60H、61H、62H…67H，用特殊全嵌套方式，不用缓冲方式，采用中断自动结束方式。8259A 的端口地址为 93H、94H。

7.12 怎样用 8259A 的屏蔽命令字来禁止 IR_3 和 IR_5 引脚上的请求？又怎样撤消这一禁止命令？设 8259A 的端口地址为 93H、94H。

7.13 试用 OCW_2 对 8259A 设置中断结束命令，并使 8259A 按优先级自动循环方式工作。

7.14 用流程图来表示特殊全嵌套方式时的工作过程。设主程序运行时先在 IR_2 端有请求，接着 IR_2 端又有请求，而此时前一个 IR_2 还未结束，后来 IR_3 端有请求，再后来 IR_1 端有请求。

7.15 说明特殊屏蔽方式的使用方法。为什么要用"或"的方法来设置屏蔽字？

7.16 试说明在主从式中断系统中 8259A 的主片和从片的连接关系。

7.17 设 8259A 工作于优先级循环方式，当前最高优先级为 IR_4，现在要使优先级最低的为 IR_1，则应该再设置哪个操作命令字？具体的值为多少？

7.18 下面是一个对 8259A 进行初始化的程序段，为下面程序段加上注释，并具体说明各初始化命令字的含义。

```
PORT0    EQU      40H
PORT1    EQU      41H
           ⋮
         MOV      AL,13H
         MOV      DX,PORT0
         OUT      DX,AL
         INC      DX
         MOV      AL,08H
         OUT      DX,AL
         MOV      AL,09H
         OUT      DX,AL
```

7.19 8259A 在采用边沿触发方式时，为了防止 IR 端有毛刺产生中断，因此通常也要求有足够的脉冲宽度，这一点由 8259A 的内部性能所决定。所以，中断控制器的初始化命令字中虽用边沿触发，但是，中断请求信号却是某个脉冲信号。你认为，这种情况下，设置边沿触发方式与设置电平触发方式相比有什么优点？

第 8 章　DMA 控制器

8.1 试说明在 DMA 方式时内存往外设传输数据的过程。

8.2 对一个 DMA 控制器的初始化工作包括哪些内容？

8.3 DMA 控制器 8237A 什么时候作为主模块工作？什么时候作为从模块工作？在这两种情况下，各个控制信号处于什么状态，试作说明。

8.4 8237A 有哪几种工作模式？各自用在什么场合？

8.5 什么叫 DMA 控制器的自动预置功能？举例说明它的使用场合。

8.6 用 DMA 控制器进行内存到内存的传输时有什么特点？

8.7 DMA 控制器 8237A 是怎样进行优先级管理的？

8.8 CPU 对 DMA 控制器的总线请求响应要比对中断请求响应快，分析其原因。

8.9 设计 8237A 的初始化程序。8237A 的端口地址为 0000～000FH，设通道 0 工作在块传输模式，地址加 1 变化，自动预置功能；通道 1 工作于单字节读传输，地址减 1 变化，无自动预置功能；通道 2、通道 3 和通道 1 工作于相同方式。然后对 8237A 设控制命令，使 DACK 为高电平有效，DREQ 为低电平有效，用固定优先级方式，并启动 8237A 工作。

第 9 章　计数器/定时器和多功能接口芯片

9.1　概述怎样用软件方法和硬件方法来进行定时。

9.2　8253/8254 计数器/定时器中,时钟信号 CLK 和门脉冲信号 GATE 分别起什么作用?

9.3　说明 8253/8254 在 6 种工作模式下的特点,并举例说明使用场合。

9.4　8253/8254 工作于模式 4 和模式 5 时有什么不同?

9.5　编程将 8253/8254 计数器 0 设置为模式 1,计数初值为 3000H;计数器 1 设置为模式 2,计数初值为 2010H;计数器 2 设置为模式 4,计数初值为 4030H;计数器 3 设置为模式 3,计数初值为 5060H。

9.6　用读出命令读取 8254 的状态字和计数器 1 的当前计数值。设 8254 的端口地址为 90H、92H、94H 和 96H。

9.7　多功能芯片 82380 含哪些功能模块? 为了使这些功能模块正常运行,需要有哪些连接信号?

9.8　82380 什么时候处于主模块状态? 什么时候处于从模块状态? 系统复位时 82380 处于什么状态?

9.9　82380 的 8 通道 DMA 控制器包含哪些功能部件?

9.10　82380 的 DMA 通道在优先级固定方式下,具体优先级如何排列?

9.11　82380 的 5 个内部中断分别对应什么功能?

9.12　82380 在提供中断类型号方面与 8259A 有什么不同? 这样带来什么优点?

9.13　82380 和 CPU 的连接信号可分为哪几类?

第 10 章　模/数和数/模转换

10.1　一个实时转换系统包含哪些环节?

10.2　运算放大器的特点是什么?

10.3　什么叫 D/A 转换器的分辨率? 什么叫 D/A 转换器的转换精度?

10.4　在 T 形电阻网络组成的 D/A 转换器中,设开关 K_0、K_1、K_2、K_3、K_4 分别对应 1 位二进制数,当二进制数为 10110 时,流入运算放大器的电流为多少? 画出这个 T 形网络。

10.5　DAC0832 有哪些工作方式? 分别有什么特点?

10.6　用带两级数据缓冲器的 D/A 转换器时,为什么有时要用 3 条输出指令才能完成 16 位或 12 位数据转换?

10.7　使用 DAC0832 进行 D/A 转换时,有哪两种方法可对数据进行锁存?

10.8　在数字量和模拟量并存的系统中,地线连接时要注意什么问题?

10.9　什么叫 A/D 转换精度和转换率?

10.10　参考主教材中图 10.7 说明计数式 A/D 转换的工作原理。

10.11 双积分式 A/D 转换的原理是什么？

10.12 参考主教材中图 10.9 说明逐次逼近式 A/D 转换的工作原理。

10.13 比较计数式、双积分式和逐次逼近式 A/D 转换的优缺点。

10.14 A/D 转换器和系统连接时要考虑哪些问题？

10.15 在实时控制和实时数据处理系统中，当需要同时测量和控制多路信息时，常用什么方法解决？

第 11 章　键盘和鼠标

11.1 利用行扫描法识别闭合键的工作原理是什么？为什么在识别一个键前，应先快速检查键盘中是否有键按下？快速识别有无闭合键的方法是什么？

11.2 叙述行反转法的基本工作原理，画出行反转法的程序流程。

11.3 连锁法和巡回法识别重键的基本思想分别是什么？

11.4 用连锁法识别重键时，对主教材图 11.8 中的 3 种重键情况分别如何处理？看懂主教材图 11.9 的流程，并说明如果按标准的连锁法，此流程应如何修改。

11.5 键盘子系统中，键盘送给主机的信号是什么？主机的键盘部件执行什么功能？

11.6 键盘扫描码分为哪两部分？

11.7 扩展键盘和标准键盘的扫描码有哪些不同？

11.8 扩展键盘的主机接口完成怎样的功能？

11.9 系统扫描码有什么特点？

11.10 结合主教材中的图 11.12 说明信号 CNT_{64}、CNT_{16}、CNT_8、CNT_4 的作用。

11.11 键盘和主机之间的连接信号主要有哪些？

11.12 主机的键盘接口电路具体完成什么功能？

11.13 键盘中断处理程序 09H 的功能是什么？其入口地址是什么？

11.14 键盘中断处理程序 09H 和 16H 各有什么特点？

11.15 键盘中断缓冲区的功能是什么？它采用怎样的特殊机制适应系统对键盘输入的处理过程？

11.16 鼠标和主机的连接方式有哪几种？你看一看自己的计算机采用了什么方式？

11.17 鼠标的主要性能是什么？

11.18 调用鼠标驱动程序，设置鼠标光标位置为第 20 行第 25 列。

11.19 调用鼠标驱动程序，读取鼠标的位移量。

第 12 章　显示器的工作原理和接口技术

12.1 显示器的性能指标主要有哪些？

12.2 CRT 显示器的光栅扫描过程是怎样的？

12.3 彩色 CRT 显示器的性能指标主要是什么？

12.4 液晶显示器有哪些特点？液晶显示器的主要性能指标是什么？

12.5 结合主教材图 12.4,说明液晶显示器工作原理。

12.6 液晶显示器中,彩色滤光膜起什么作用?

12.7 LCD 上一个像素显示彩色的过程是怎样的?

12.8 显示适配器的指标主要有哪些?作具体说明。

12.9 结合主教材图 12.6 说明显示适配器中属性控制器的工作原理。

12.10 字符模式有什么特点?字符模式对应一个字符的两字节分别表示什么含义?

12.11 显示存储器的起始地址通常在哪里?

12.12 在显示存储器容量固定的情况下,为什么分辨率越高,颜色种类越少?

12.13 图形模式和字符模式在显示字符时从机制上有什么不同?各有什么特点?

12.14 以下程序段表示了几种清除屏幕的方法,仔细阅读这些程序段,比较这几种方法的优缺点,另再设计一种方法达到清除屏幕的效果。

第一种:将 25 行 80 列全部写上空白行。

```
AAA:    MOV    AH,6          ;屏幕上滚功能
        MOV    AL,0          ;AL 中送 0 表示整个窗口为空白
        MOV    BH,7          ;属性为空白行
        MOV    CH,0          ;左上角行号为 0
        MOV    CL,0          ;左上角列号为 0
        MOV    DH,24         ;右下角行号为 24
        MOV    DL,79         ;右下角列号为 79
        INT    10H           ;调用系统功能
```

第二种:从当前光标位置连续写空白字符及对应属性。

```
BBB:    MOV    AH,2          ;设置光标位置功能
        MOV    BH,0          ;页号为 0
        MOV    DX,0          ;光标为 DH=0 行,DL=0 列
        INT    10H           ;设置当前光标位置
        MOV    AH,9          ;在当前光标开始写属性/字符
        MOV    CX,2000       ;字符总数
        MOV    AL,' '        ;写入的为空白字符
        MOV    BL,7          ;字符属性
        INT    10H           ;清除屏幕指定区域
```

第三种:直接对视频缓冲区 VRAM 写空白字符及属性。

```
CCC:    MOV    AX,0B800H     ;直接指向 VRAM
        MOV    ES,AX         ;ES:DI 指向起始位置
        MOV    DI,0
        MOV    CX,8192       ;共 8192 个字
        MOV    AL,' '        ;偶字节为空白字符
        MOV    AH,7          ;奇字节为属性
        REP    STOSW         ;逐字写上
```

12.15 下面的程序段实现写屏幕字符功能,进入此程序段时,ES:DI 指向 VRAM,

DS:BX 指向存放所要写入的字符的缓冲区,字节数在 CX 中,该程序段选择回扫期间来写 VRAM,说明这样做有什么优点?根据这一程序段的思路,设计一个完整的程序,实现从屏幕左上角开始写上 100 个指定字符。

```
AAA:    MOV     DX,3DAH             ;指向 CRT 状态口
BBB:    IN      AL,DX               ;读显示状态
        TEST    AL,1                ;等待水平回扫开始
        JNZ     BBB
        CLI                         ;关中断
CCC:    IN      AL,DX               ;测试是否已进行回扫
        TEST    AL,1
        JZ      CCC
        MOV     AL,[BX]             ;取字符
        STOSB                       ;写 VRAM
        STI                         ;开中断
        INC     BX                  ;缓冲区指针加 1
        INC     DI                  ;指向 VRAM 下一个字
        LOOP    AAA
```

12.16 简述 AGP 的技术特点。

第 13 章 打印机的工作原理和接口技术

13.1 针式打印机、喷墨打印机和激光打印机各自以怎样的特性分别常用于哪些场合?

13.2 打印机的特性主要体现在哪几方面?

13.3 打印机的分辨率用什么参数表示?打印机的打印速度用什么参数表示?

13.4 结合主教材中图 13.1 说明针式打印机的工作原理。

13.5 喷墨打印机怎么打印出字符?连续式喷墨打印机和随机式喷墨打印机有什么差别?

13.6 结合主教材中图 13.2 说明激光打印机的工作原理。

13.7 激光打印机工作时,−6000V、−600V 和 −100V 电压分别在何处?

13.8 画出并行打印机的工作流程。

13.9 中断处理程序 17H 主要包含什么功能?17H 程序的入口地址是什么?

第 14 章 机械硬盘和光盘子系统

14.1 磁盘子系统由哪几部分构成?各部分的功能是什么?

14.2 磁盘子系统的指标主要有哪些?

14.3 13H 中断处理程序和软盘操作有关的功能主要有哪些?

14.4 温切斯特盘驱动器的特点是什么?

14.5 硬盘扇区采用交叉编号法有什么优点?交叉因子的含义是什么?

14.6 硬盘的操作速度取决于什么?

14.7 硬盘系统中,盘片、磁道和柱面之间是什么关系?

14.8 硬盘控制器的功能是什么?

14.9 硬盘控制器由哪几部分组成? 各部分的功能是什么?

14.10 硬盘参数表中含哪些参数?

14.11 简述 13H 中断处理程序的工作流程。

14.12 当前最重要的硬盘安全性和数据保护技术有哪些?

14.13 SMART 技术的主要思想是什么?

14.14 光盘技术的主要特点是什么?

14.15 当前所用的光盘主要有哪些类型? 各有什么特点?

14.16 结合主教材中图 14.4 说明光盘系统存储的工作原理。

14.17 光盘的两种数据记录格式 CLV 和 CAV 各有什么特点?

第 15 章　总　　线

15.1 总线是指怎样一种机制?

15.2 采用总线结构的系统有什么优点?

15.3 微型机系统中的总线分为哪几类? 各有什么特点?

15.4 总线的性能主要是指哪几方面? 互相之间有什么关系?

15.5 PCI 总线的全称是什么? 它是系统总线还是局部总线?

15.6 PCI 总线有什么特点?

15.7 PCI 总线如何配合系统实现即插即用功能?

15.8 PCI 总线的信号分为哪几类? 简述它们的含义。

15.9 微型机系统中采用怎样的 PCI 层次化结构?

15.10 PCI 总线的命令是通过哪些信号线传输的?

15.11 PCI 有哪些主要命令?

15.12 PCI 的中断响应和传统的中断响应有什么差别?

15.13 什么叫特殊周期命令?

15.14 PCI 系统中,如果有 3 个设备都用 $\overline{\text{INTA}}$ 作为中断请求线,这样做可以吗? 为什么?

15.15 简述 PCI 的中断响应时序。

15.16 PCI 有哪几个地址空间?

15.17 PCI 的正向译码和负向译码的含义是什么?

15.18 PCI 突发操作有什么限制?

15.19 $AD_{31} \sim AD_0$ 为 0000 2200H,而 $C/\overline{BE}_3 \sim C/\overline{BE}_0$ 为 0011,请问对哪些字节进行了传输?

15.20 和 PCI 数据传输相关的最主要的信号是哪 3 个? 它们之间是怎样一种配合关系?

15.21 PCI 传输过程中,选中的从设备用什么信号来确认?

15.22 结合主教材中图 15.4,说明 PCI 的单数据读操作时序关系。

15.23 单数据读操作的要点是什么？单数据写操作和读操作有什么差别？

15.24 PCI 突发传输的含义是什么？突发传输带来哪些优点？

15.25 突发传输的时序和普通时序有什么差别？

15.26 PCI 的读/写操作有什么主要特点？

15.27 和 32 位传输相比,PCI 的 64 位传输要增加哪些信号线？

15.28 PCI 的 64 位传输遵循怎样的规则？

15.29 64 位数据扩展传输的要点是什么？

15.30 64 位地址扩展传输的要点是什么？

15.31 64 位数据 64 位地址扩展传输的要点是什么？

15.32 什么叫 PCI 的配置空间？其功能是什么？

15.33 系统根据 PCI 的配置空间完成怎样的功能？

15.34 PCI 配置空间分成哪两部分？

15.35 PCI 的 0 类配置空间格式是对应什么的？

15.36 PCI 配置空间基地址寄存器有什么特点？

15.37 配置空间基地址寄存器的操作包括什么功能？

15.38 配置空间基地址寄存器的只读特性是怎样实现的？

15.39 将 FFFF FFFFH 写入 10H 的基地址寄存器,得 FFF0 0001H,表示什么意思？

15.40 什么叫 0 类配置访问？0 类配置访问的地址期中,AD 线上的信息是什么？

15.41 PCI 采用同步集中式总裁机制,举例说明这种机制的原理。

15.42 ISA 总线的信号主要有哪几类？

15.43 EISA 总线在 ISA 总线基础上增加了哪几类信号？

15.44 在物理结构上,EISA 总线是如何对 ISA 实现兼容的？

15.45 外部总线实现怎样的功能？

15.46 IDE 是怎样一种外部总线？其主要信号有哪些？

15.47 SCSI 是怎样一种外部总线？它采用了哪些创新技术？

15.48 SCSI 总线和 ATA 总线相比,在性能、机制和技术方面有哪些主要差别？

15.49 RS-232-C 总线是怎样一种外部总线？有什么特点？其主要信号有哪些？

15.50 RS-232-C 总线和通常的串行接口连接时,为什么要进行电平转换？

15.51 USB 是怎样一种总线？叙述其主要特点。

15.52 USB 有哪些传输类型？每个类型的含义是什么？

15.53 USB 总线的传输过程最少需要哪些数据包？

第 16 章　微型计算机系统的结构

16.1 Pentium 微型计算机系统包含哪些子系统？

16.2 看一看你使用的微型计算机系统中的 CPU 速度是多少？

16.3 DDR 是指什么器件的性能？表示什么意思？

16.4 Pentium 系统中的 BIOS 包含哪些内容？

16.5 打开计算机,怎样才能进入配置程序的界面？

16.6 I/O 驱动程序指什么样的程序？为什么 BIOS 要分为两部分？能不能把 BIOS 全部放在磁盘上？

第2部分　实验题与综合训练题

第1篇　汇编语言程序设计实验题

程序设计实验1　两个多位十进制数相加的实验

1. 目的

（1）学习数据传送和算术运算指令的用法。

（2）熟悉建立、汇编、链接、调试和运行汇编语言程序的过程。

2. 内容

将两个多位十进制数相加，要求被加数均以 ASCII 码形式各自顺序存放在以 DATA1 和 DATA2 为首的 5 个内存单元中（低位在前），结果送回 DATA1 处。

3. 参考流程

参考流程如图 2.1.1 所示。

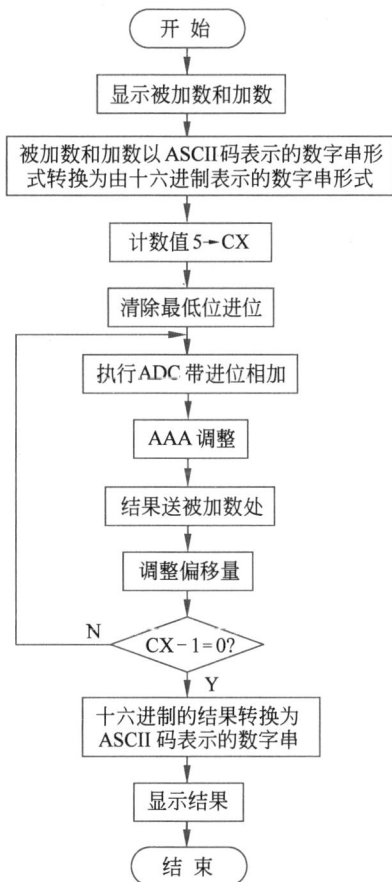

图 2.1.1　两个多位十进制数相加的参考流程

程序设计实验 2　两个数相乘的实验

1. 目的

掌握乘法指令和循环指令的用法。

2. 内容

实现十进制数的乘法,被乘数和乘数均以 ASCII 码形式存放在内存中,乘积在屏幕上显示。

3. 参考流程

参考流程如图 2.1.2 所示。

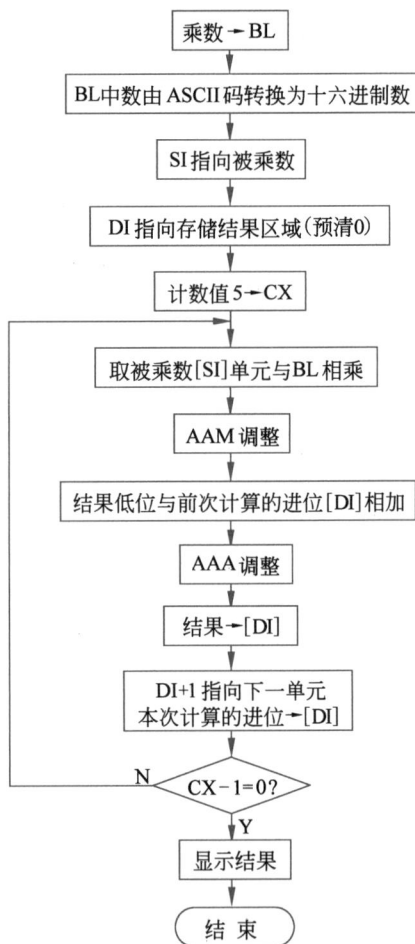

图 2.1.2　两个数相乘的参考流程

程序设计实验 3 BCD 码相乘的实验

1. 目的

掌握用组合的 BCD 码表示数据,并熟悉怎样实现组合 BCD 码的乘法运算。

2. 内容

实现 BCD 码的乘法,要求被乘数和乘数以组合的 BCD 码形式存放,各占一个内存单元,乘积存放在另两个内存单元中。

提示:由于没有组合的 BCD 码乘法指令,程序中采用将乘数 1 作为计数器,累加另一个乘数的方法得到计算结果。

3. 参考流程

参考流程如图 2.1.3 所示。

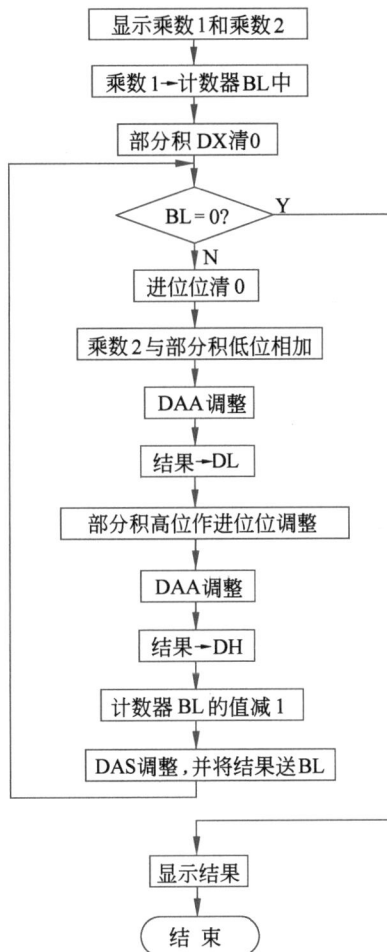

图 2.1.3 BCD 码相乘的参考流程

程序设计实验 4 字符匹配实验

1. 目的

掌握串操作指令的使用方法。

2. 内容

用串操作指令设计程序,实现在存储区(长度为 100H)中寻找空格字符(20H)。退出时给出信息以表明是否找到。

3. 编程提示

(1) 用于字符串检索的指令为 SCASB/SCASW/SCASD,用 AL 中的字节、AX 中的字或 EAX 中的双字与位于 ES 段由 EDI(DI)寄存器所指的内存单元的字节、字或双字相比较。在检索指令前加上前缀,可以设计程序实现在 EDI(DI)所指的字符串中,寻找第一个与 AL(或 AX 或 EAX)的内容相同(或不同)的字节(或字或双字)。

(2) 对于所有的串操作指令,都要注意方向标志的设置。指令 CLD 使方向标志 DF 清 0,使 ESI(SI)和 EDI(DI)自动增量修改。指令 STD 使 DF 置 1,使 ESI(SI)和 EDI(DI)作自动减量修改。

(3) 参考流程如图 2.1.4 和图 2.1.5 所示。

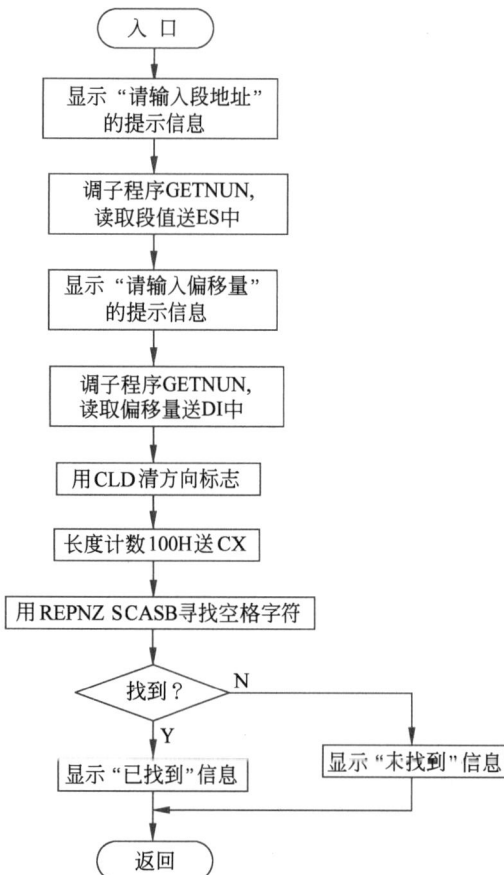

图 2.1.4 字符匹配主程序参考流程

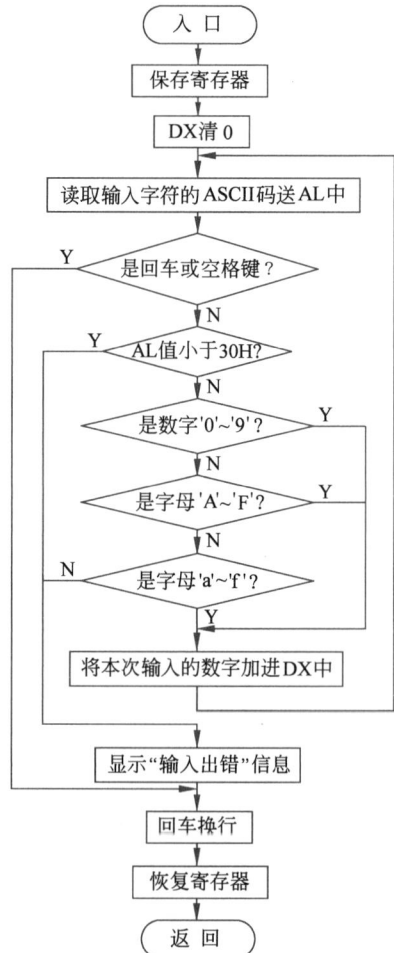

图 2.1.5 字符匹配 GETNUN 子程序参考流程

程序设计实验 5 字符串匹配实验

1. 目的

掌握提示信息的设置方法及读取键盘输入信息的方法。

2. 内容

编写程序,实现两个字符串比较。如相同,则显示"MATCH",否则显示"NO MATCH"。

3. 参考流程

参考流程如图 2.1.6 所示。

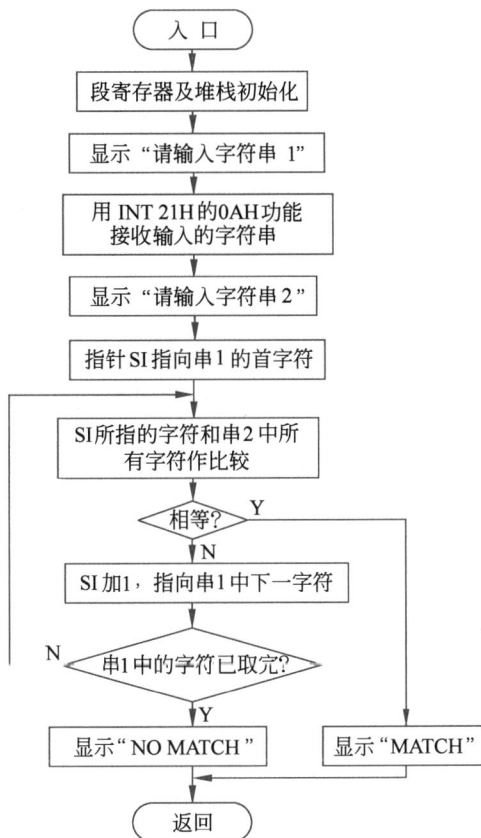

图 2.1.6 字符串匹配的参考流程

程序设计实验 6 从键盘输入数据并显示的实验

1. 目的

掌握接收键盘数据的方法,并了解将键盘数据显示时须转换为 ASCII 码的原理。

2. 内容

编写程序,将键盘接收到的 4 位十六进制数转换为等值的二进制数,再显示在屏幕上。

3. 参考流程

参考流程如图 2.1.7 所示。

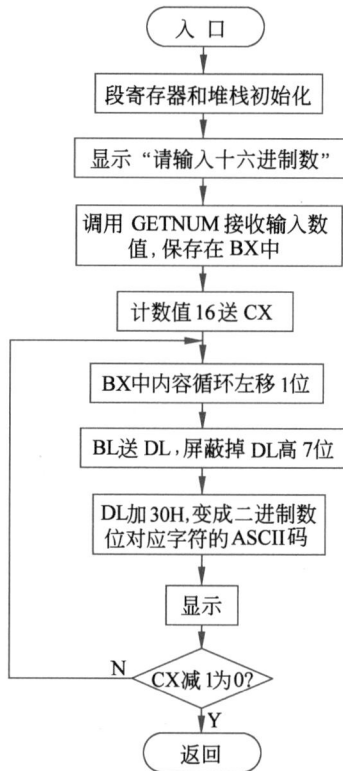

图 2.1.7 从键盘输入数据并显示的参考流程

程序设计实验 7 字符和数据的显示实验

1. 目的

掌握字符和数据的显示方法。

2. 内容

先显示信息"INPUT STRING,THE END FLAG IS",再接收字符。如为 0～9,则计数器加 1,并显示数据;如为非数字,则直接显示,但不计数。

3. 参考流程

参考流程如图 2.1.8 所示。

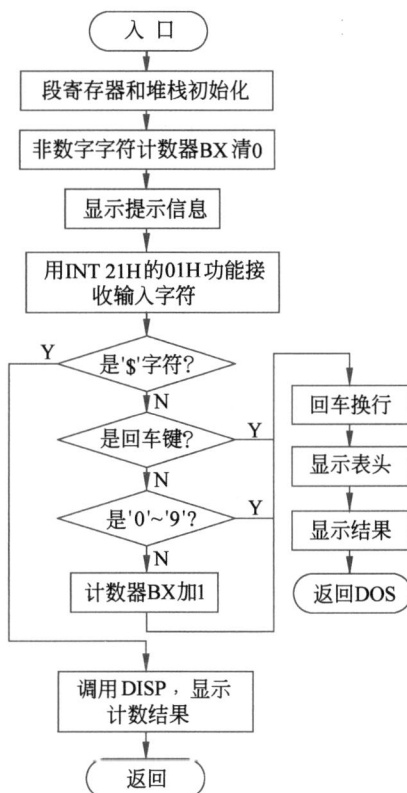

图 2.1.8 字符和数据的显示程序参考流程

程序设计实验 8　响铃实验

1. 目的

掌握响铃字符的使用方法。

2. 内容

从键盘接收输入字符,如是数字 N,则响铃 N 次;如不是数字,则不响。

3. 参考流程

参考流程如图 2.1.9 所示。

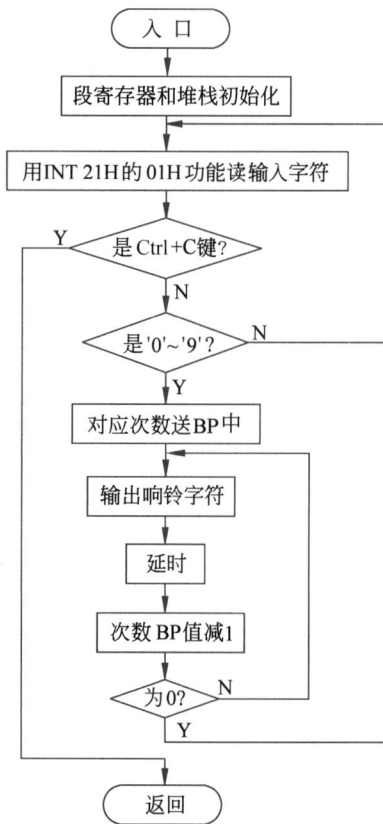

图 2.1.9　响铃程序参考流程

程序设计实验 9　接收年、月、日信息并显示的实验

1. 目的

掌握响铃字符的使用方法,并掌握年、月、日的输入方法。

2. 内容

先显示"WHAT IS THE DATA（MM/DD/YY)?"并响铃一次,然后接收键盘输入的月/日/年信息,并显示。

3. 参考流程

参考流程如图 2.1.10 所示。

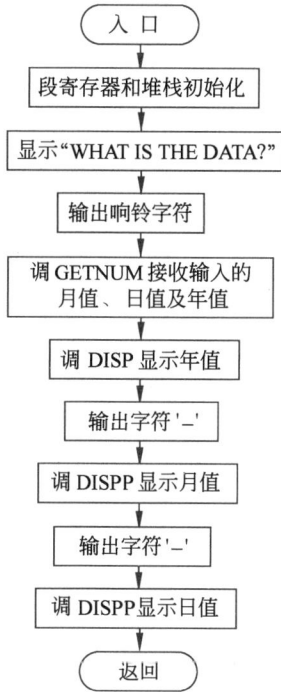

图 2.1.10　接收年、月、日信息并显示的程序参考流程

程序设计实验 10 将键盘输入的小写字母转换为大写字母的实验

1. 目的

了解小写字母和大写字母在计算机内的表示方法，并学习如何进行转换。

2. 内容

接收键盘字符（以 Ctrl＋C 为结束），并将其中的小写字母转换为大写字母，然后显示在屏幕上。

3. 参考流程

参考流程如图 2.1.11 所示。

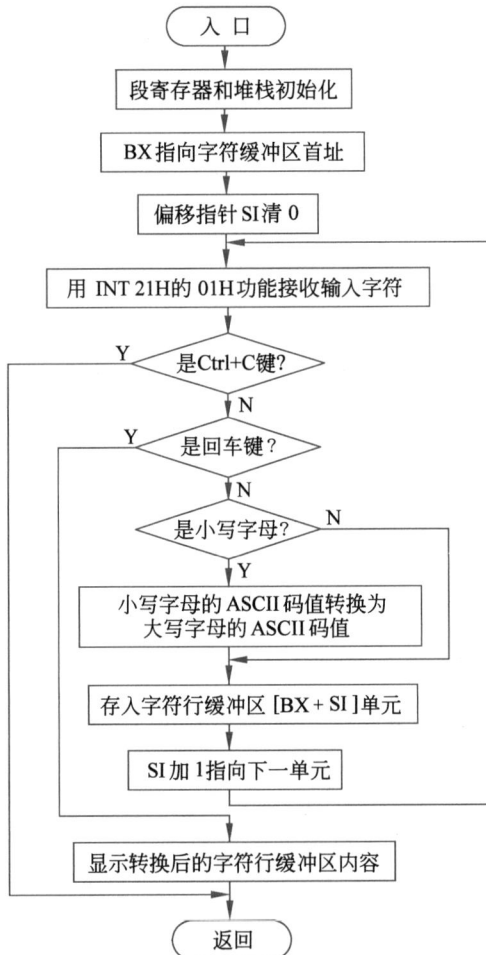

图 2.1.11 将键盘输入的小写字母转换为大写字母的程序参考流程

程序设计实验 11 保留最长行输入字符的实验

1. 目的

进一步熟悉系统调用功能的使用方法。

2. 内容

从键盘输入一行字符（以 $ 为结束符）。如果这行字符比前面输入的一行字符长，则保存该行并显示，然后继续输入另一行字符，如果比以前输入的字符行短，则不保存这行字符。最后，保存最长的一行字符并显示。键盘输入时结束符为'#'。

3. 参考流程

参考流程如图 2.1.12 所示。

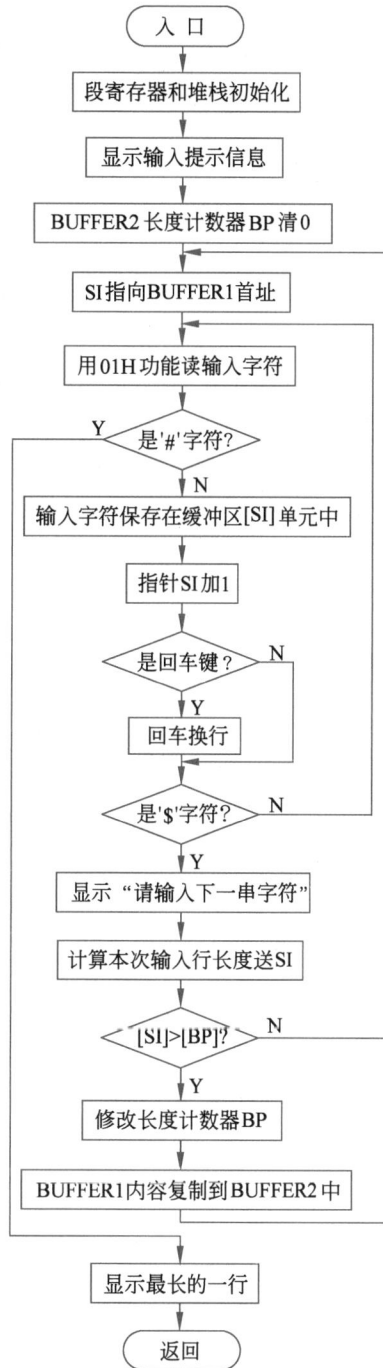

图 2.1.12 保留最长行输入字符的参考流程

程序设计实验 12　计算机钢琴的实验

1. 目的

(1) 掌握利用主机扬声器发出不同频率声音的方法。

(2) 进一步掌握利用系统功能调用从键盘读取字符的方法。

2. 内容

编写程序,在程序运行时使主机成为一架可弹奏的"钢琴"。当按数字键 1～8 时,依次发出 1,2,3,4,5,6,7,i 这 8 个音调。按 Ctrl+C 则退出"钢琴"状态。

3. 实验原理

(1) 主机扬声器电路图如图 2.1.13 所示。

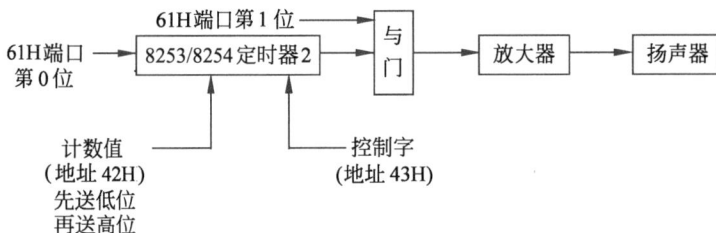

图 2.1.13　主机扬声器电路图

(2) 编程提示。通过给 8253/8254 定时器装入不同的计数值,可以使其输出不同频率的波形。当与门打开后,经过放大器的放大作用,便可驱动扬声器发出不同频率的音调。要使该音调的声音持续一段时间,只要插入一段延时程序,之后再关闭与门,将扬声器切断即可。

另外,要使计算机成为可弹奏的钢琴,需要使用系统调用的 01H 功能以接收输入字符,并且要建立表 2.1.1,使输入字符与频率值构成一个对应关系。

表 2.1.1　输入字符、音符和频率对应关系

输　入　字　符	音　　符	频　　率　值
1	1	524
2	2	588
3	3	660
4	4	698
5	5	784
6	6	880
7	7	988
8	i	1 048

(3) 参考流程如图 2.1.14 所示。

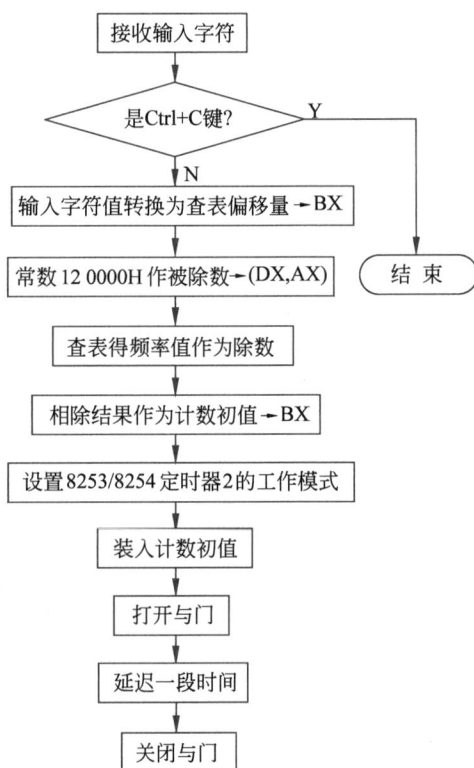

图 2.1.14　计算机钢琴程序参考流程

程序设计实验 13   排序实验

1. 目的

掌握用汇编语言编写排序程序的思路和方法。

2. 内容

从首地址为 1000H 开始存放 50 个数，要求设计程序将这些数由小到大排序，排序后的数，仍放在该区域中。

3. 参考流程

参考流程如图 2.1.15 所示。

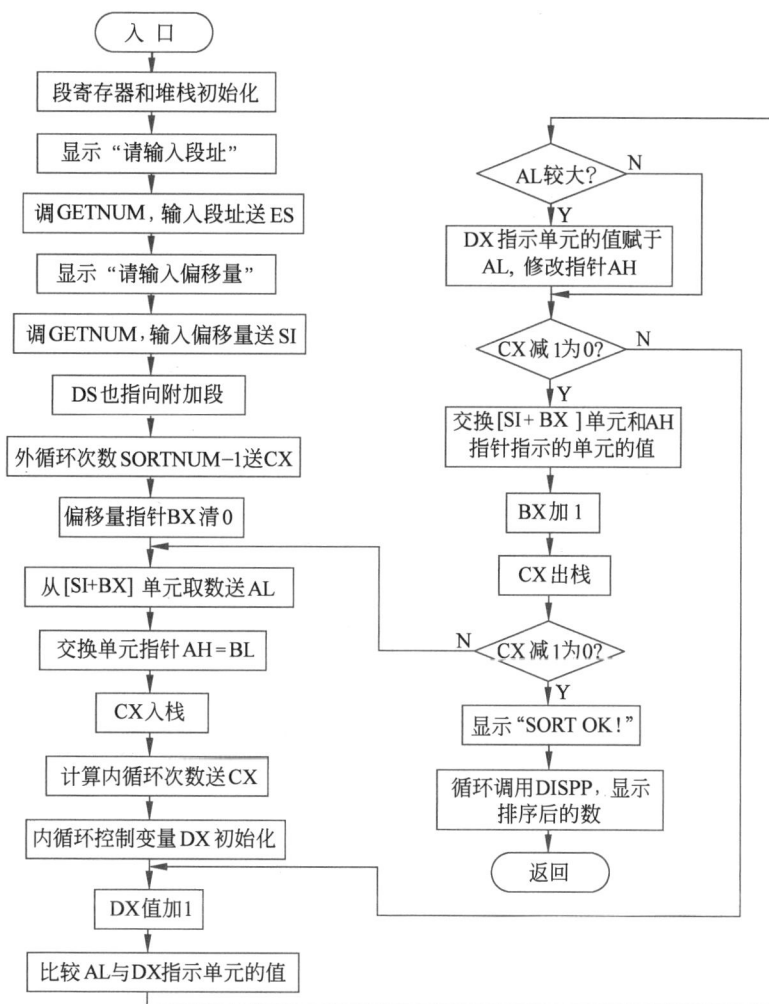

图 2.1.15   排序程序参考流程

程序设计实验 14 排列学生成绩名次表实验

1. 目的

进一步熟悉排序方法。

2. 内容

将 0～100 的 30 个成绩存入首址为 1000H 的存储区中。1000H+i 表示学号为 i 的学生成绩。编写程序使得在 2000H 开始的区域排出名次表。2000H+i 为学号 i 的学生的名次。

3. 参考流程

参考流程如图 2.1.16 和图 2.1.17 所示。

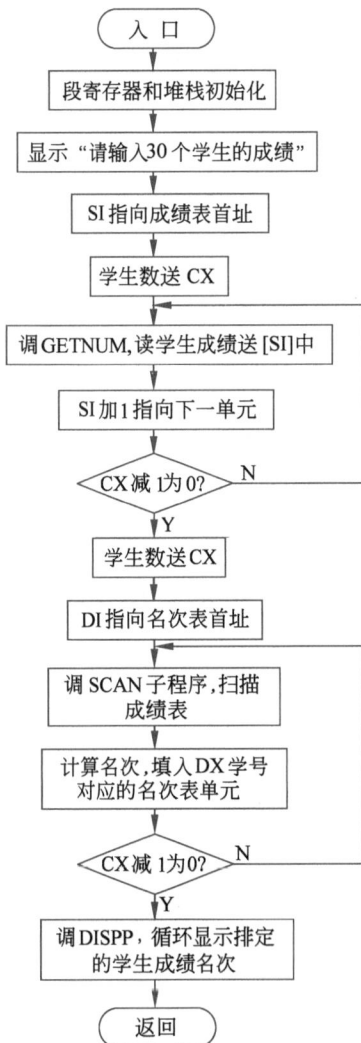

图 2.1.16 排列学生成绩名次表主程序参考流程

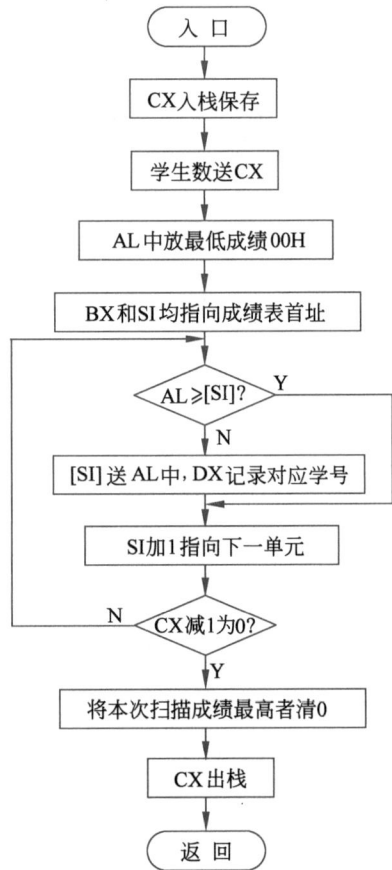

图 2.1.17 排列学生成绩表
SCAN 子程序参考流程

程序设计实验 15　设置光标的实验

1. 目的

了解和掌握系统调用功能设置光标位置的方法。

2. 内容

设置光标,起始行位置为第 5 行第 6 列,结束行位置为第 7 行第 6 列。

3. 参考流程

参考流程如图 2.1.18 所示。

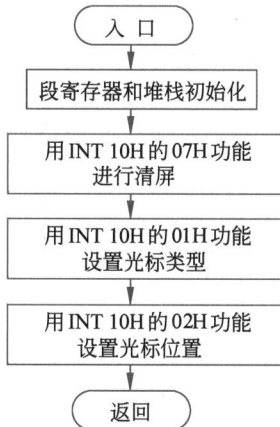

图 2.1.18　设置光标的参考流程

程序设计实验 16　清除窗口的实验

1. 目的

掌握用系统调用功能清除窗口和设置窗口属性的方法。

2. 内容

清除左上角为(10,20)、右下角为(50,60)的窗口,并将其初始化为反相显示。

3. 参考流程

参考流程如图 2.1.19 所示。

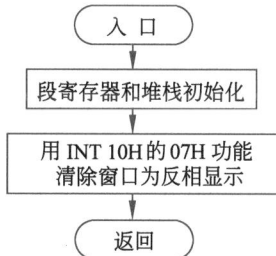

图 2.1.19　清除窗口的参考流程

程序设计实验 17　计算 N! 的实验

1. 目的

通过编写一个阶乘计算程序,了解高级语言中的数学函数是怎样在汇编语言一级实现的。

2. 内容

编写计算 N! 的程序。数值 N 由键盘输入,结果在屏幕上输出,N 的范围为 0～65 535,即刚好能被一个 16 位寄存器容纳。

3. 编程提示

(1) 编写阶乘程序的难点在于:随着 N 的增大,其结果使寄存器不能容纳,这样就必须把结果放在 1 个内存缓冲区中,依次从缓冲区中取数,进行相乘。

(2) 程序根据阶乘的定义:N!＝N×(N−1)×(N−2)×…×2×1,从左往右依次计算,结果由低到高依次保存在缓冲区 BUF 中。程序首先将 BP 初始化为存放 N 值,然后使 BP 为 N−1,以后 BP 依次减 1,直到减为 1。每次让 BP 与 BUF 中的字按由低到高的次序相乘,结果低位 AX 仍保存在相应的 BUF 中,结果高位在 DX 中,结果最高位则送到 CY 中,以作为高位相乘时从低位来的进位,初始化 CY 为 0。计算结果的长度随着阶乘 N 的运算而不断增长,由 LEN 指示。

(3) 参考流程如图 2.1.20 所示。

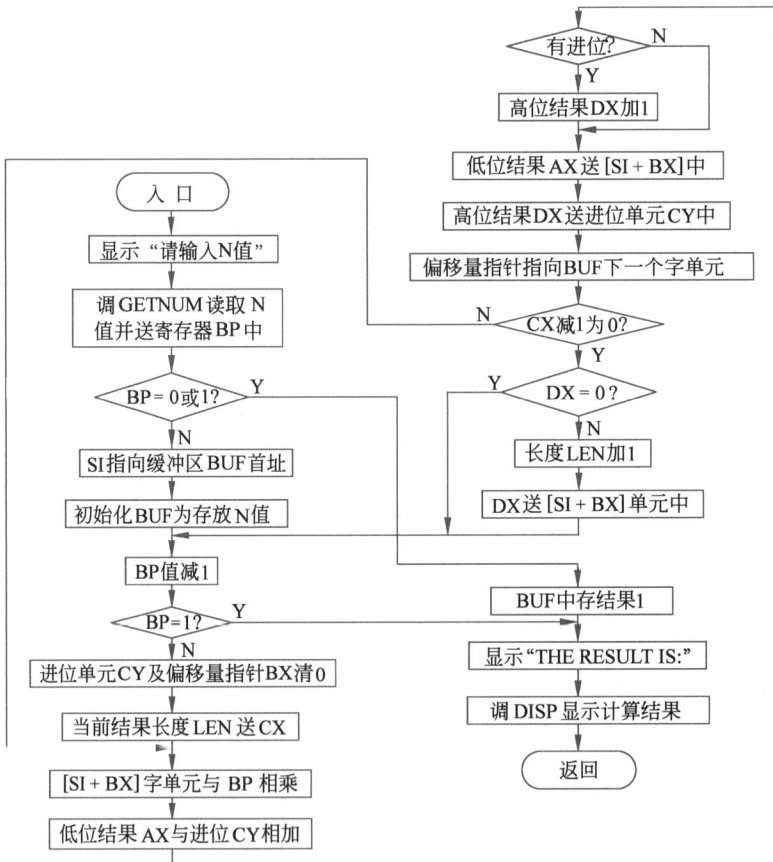

图 2.1.20　计算 N! 的参考流程

程序设计实验 18 写文件的实验

1. 目的

在阅读附录 E 的基础上,掌握写文件系统调用的方法。

2. 内容

编写程序,将内存区域中用调试程序设置好的一连串数据(以 Ctrl+Z 为结束符)作为一个文件存入磁盘,文件名为 DATA.AAA。

3. 编程提示

(1) 对于文件的读/写操作,当前一般采用文件代号法。文件代号法支持目录路径,并且对错误采用统一的办法处理,是推荐的存取方法。

(2) 使用文件代号法时,要求文件名(含路径)用 ASCII Z 串表示。ASCII Z 串就是以空字符 00H 结尾的一串 ASCII 字符。

(3) 用文件代号法存取时如出现错误,则功能调用返回时,会将 CY 标志置 1,同时在 AX 寄存器中返回统一的出错代码。程序中要用 JC 指令进行判定,并在确认出错后显示错误代码,以便分析出错原因。

(4) 参考流程如图 2.1.21 和图 2.1.22 所示。

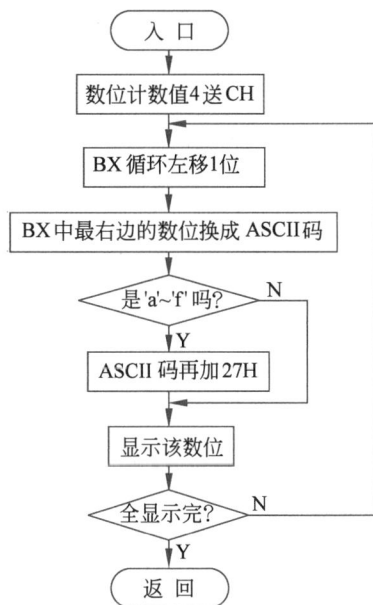

图 2.1.21 子程序 BINIHEX 参考流程

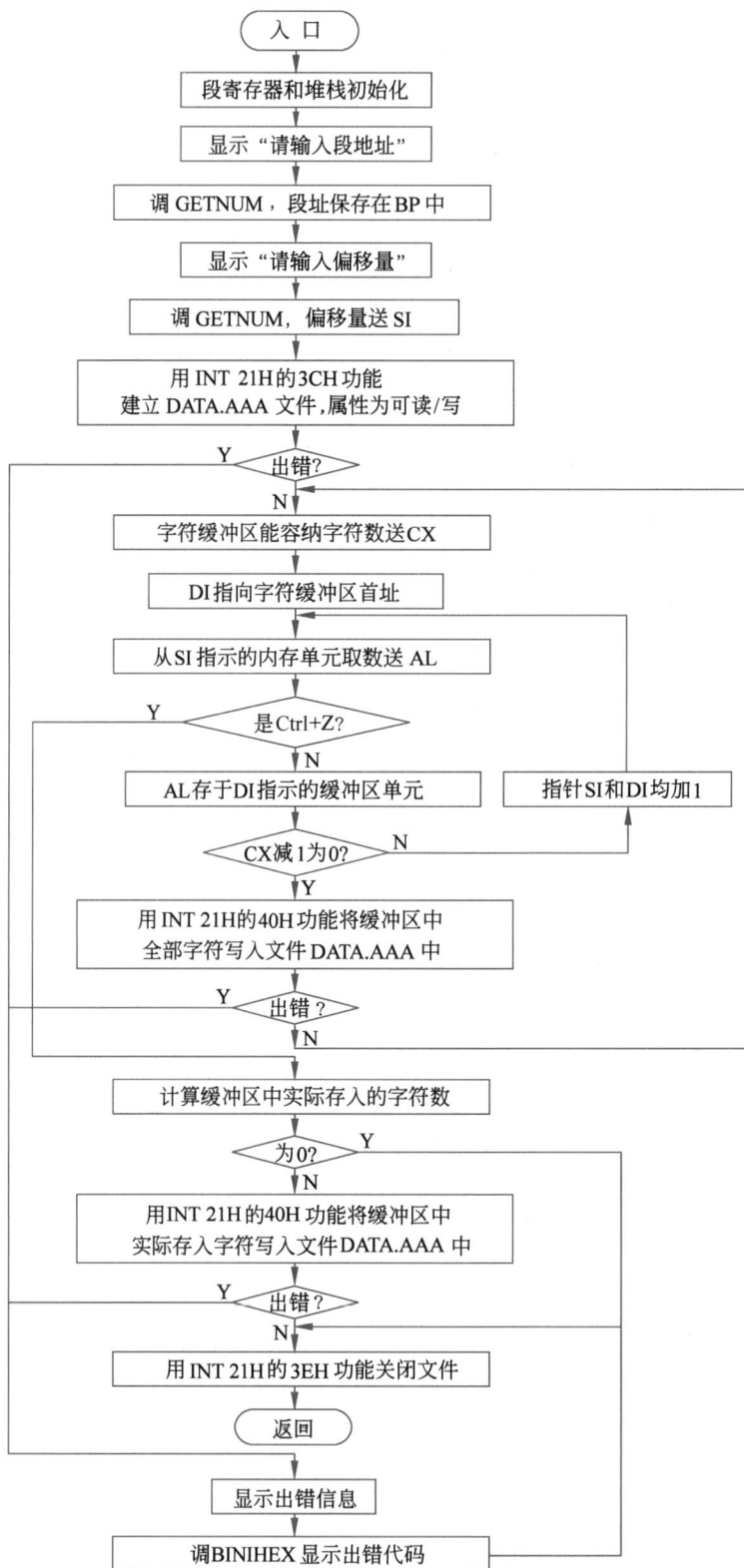

图 2.1.22　写文件主程序参考流程

程序设计实验 19　读文件的实验

1. 目的

在阅读附录 D 的基础上,掌握读文件系统调用的方法。

2. 内容

编写程序,使它相当于 TYPE 命令的功能。先由屏幕显示提示信息,再读取文件名(含路径),然后在屏幕上显示文件内容。

3. 参考流程

参考流程如图 2.1.23 所示。

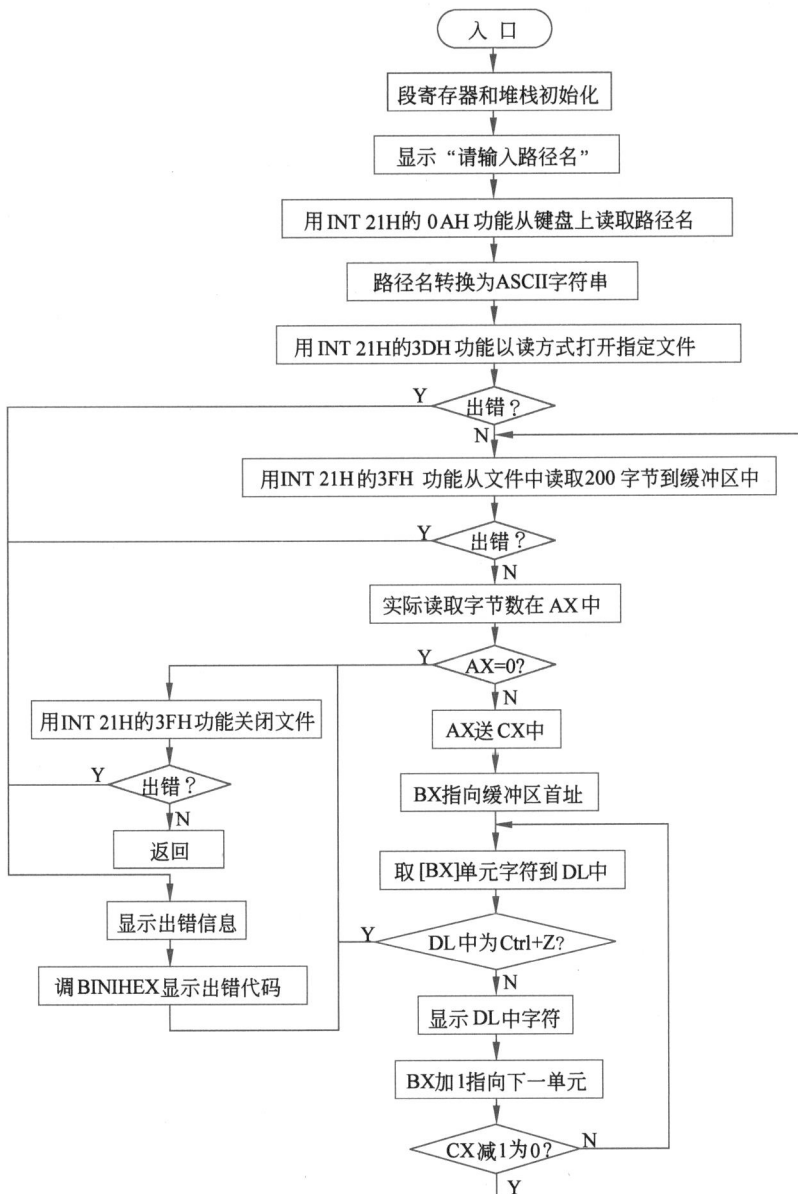

图 **2.1.23**　读文件参考流程

第2篇 微型机接口实验题

为了理解目前被高度集成化的微型计算机内部的工作原理,大多数院校采用某种型号的专门实验套件,以便对微型计算机系统进行模块化拆解。本篇以 TPC-ZK 实验系统为例,介绍接口实验的设置。这类系统可以使初学者更易于理解接口电路的功能原理、编程方法和接口电路中软硬件的配合,结合教材,可以对微型计算机的设计建立起系统的概念。

接口实验1 8253/8254 计数器实验

1. 目的

掌握 8253/8254 计数特点和编程方法。

2. 内容

8253/8254 的芯片引脚(见图 2.2.1)和内部结构(见图 2.2.2)。

(1) 3 个 16 位"减一"计数单元,分别称为 CNT_0、CNT_1 和 CNT_2。3 个计数器相互独立、可以工作在不同的方式。每个计数器都有对应的 3 条输入输出信号线:CLK 外部计数脉冲输入线、OUT 计数器溢出信号线和 GATE 门控输入信号线(控制计数器是否工作)。

(2) 控制寄存器。芯片内部 4 个寄存器之一,占用一个寄存器单元的地址,由 3 个计数器共用。只能写入不能读出,用于设定计数器的工作方式。编程时在程序的初始化过程中,通过对该寄存器写入相应的命令字来设定对应计数器的工作方式。

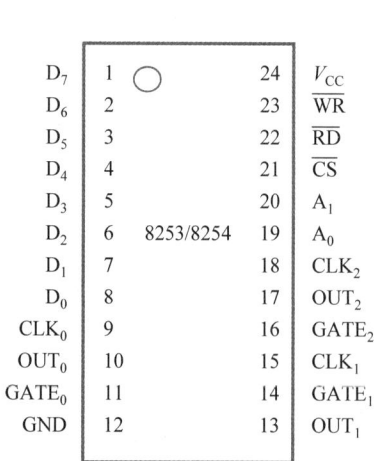

图 2.2.1 8253/8254 的芯片引脚图

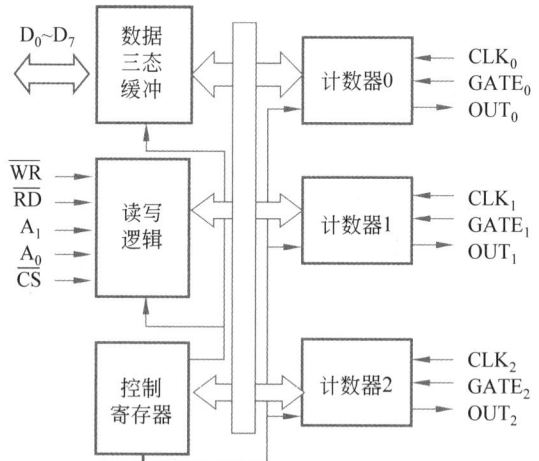

图 2.2.2 8253/8254 的内部结构图

(3) 内部寄存器的地址定义。芯片内部具有 4 个寄存器,即 CNT_0、CNT_1、CNT_2 和控制寄存器,它们都有不同的地址。这些地址由芯片的引脚 A_1、A_0 设定,在系统中如果将 A_1、A_0 与地址总线的 A_1、A_0 连接,那么就会对应 4 个独立的 I/O 地址(见表 2.2.1)。

表 2.2.1　内部寄存器的地址定义

A_1	A_0	对应的寄存器
0	0	选中 CNT_0 进行读写
0	1	选中 CNT_1 进行读写
1	0	选中 CNT_2 进行读写
1	1	选中控制寄存器进行写

（4）编程命令。作为可编程器件，8253/8254 是通过命令字来控制其工作方式的，命令字有两类：初始化编程命令，用于设定计数器的功能、工作方式；锁存读出命令，用于读出计数器的计数值或状态。

① 初始化命令字。

用于设定 8253/8254 计数器内部 3 个计数器的 6 种工作方式、计数模式和读写指示（见图 2.2.3）。

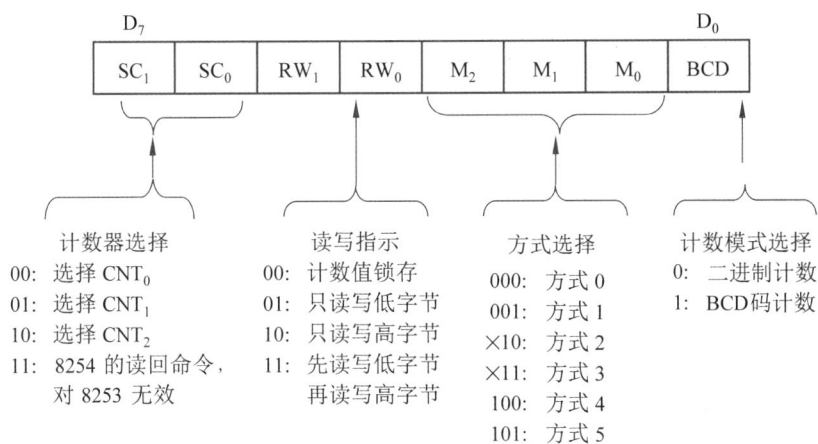

图 2.2.3　8253/8254 的初始化命令字

② 初始化编程。

在 8253/8254 计数器工作之前，必须确定其工作方式、计数模式和读写指示等，这些都是通过向 8253/8254 控制寄存器写入命令字来实现的。对 8253/8254 初始化包含的内容如下。

- 设置命令字。命令字包含计数器的工作方式、计数模式等相关的设定，是使用输出指令将对应的命令字写入 8253 的控制寄存器中来实现的。
- 设置计数器的初值。8253/8254 为 16 位计数器，其初值的设定分为 8 位或 16 位两种设定方式，初值的设定应紧跟在“设置命令字”后。在写入计数初值时应当与前面命令字中相关设定位（WR_1、WR_0）保持一致。当使用 16 位初值设定时（WR_1、$WR_0 = 11$），必须使用两条指令完成初值的写入，即先写低 8 位初值再写高 8 位初值。若采用 8 位初值设定，当只写入高 8 位（WR_1、$WR_0 = 10$）时，则低 8 位自动清 0；同理若只写入低 8 位（WR_1、$WR_0 = 01$），则高 8 位自动清 0（见图 2.2.3）。

- 8253/8254 是一个可编程的计数器。
- 8253/8254 具有 CNT_0、CNT_1 和 CNT_2 3 个计数器,还有 1 个控制寄存器,它们各占一个地址(由引脚 A_1、A_0 确定)。
- 在每个计数器 CNT_i 中有 3 部分:初值寄存器 CR、减 1 计数器 CE 和输出锁存器 OL。
- 初始化编程是 8253 正常工作的必要条件。初始化编程操作的顺序:先向控制寄存器写入命令字,然后写入初值。如果是 16 位初值时,必须先写入低 8 位初值,然后再写入高 8 位初值。
- 输出锁存命令(读计数器的计数值),将当前的计数器的计数值捕捉到"输出锁存器 OL"中。读命令对计数器的工作状态不会产生任何影响。

(5)按图 2.2.4 连接电路,将计数器 0 设置为方式 2,计数器初值为 $N(N <= 0FH)$,用手逐个输入单脉冲,编程使计数值在屏幕上显示,用逻辑笔观察 OUT_0 电平变化(当输入 $N+1$ 个脉冲后 OUT_0 变高电平),并将计数过程记录下来。

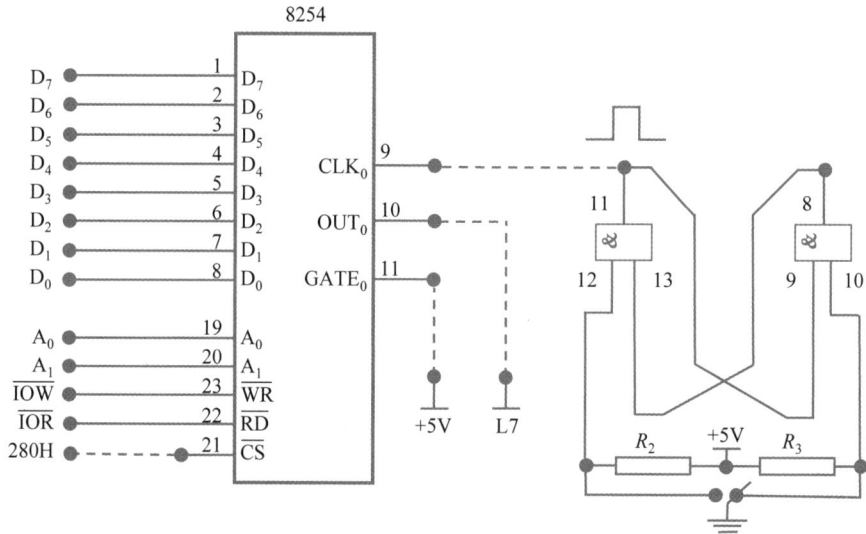

图 2.2.4　计数器实验连接电路

(6)接线:

8254/CLK_0	接	单脉冲/正脉冲
8254/$\overline{CS}$	接	I/O 译码/Y_0(280H～287H)
8254/OUT_0	接	LED 显示/L_7
8254/$GATE_0$	接	+5V

3. 编程提示

参考流程如图 2.2.5 所示。

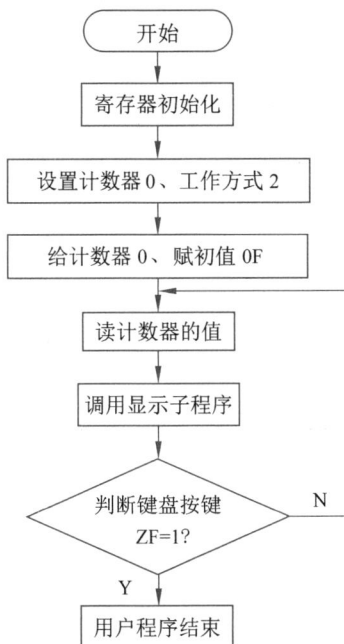

图 2.2.5　8253/8254 计数器实验参考流程

接口实验 2　8255 并行 I/O 实验

1. 目的

（1）了解 8255 芯片结构及编程方法。

（2）了解 8255 输入/输出实验方法。

2. 内容

8255 是 Intel 公司生产的可编程外围接口（PPI）芯片，其功能图如图 2.2.6 所示。它有 A、B、C 3 个 8 位端口寄存器，通过 24 位端口线与外设相连，其中 C 口可分为上半部和下半部。这 24 根端口线全部为双向三态。3 个端口可分两组来使用，分别工作于 3 种不同的工作方式。82C55 是 8255 的行业标准版本，与 8255 的功能和特性类似，只是技术规格上有些细微的差别。图 2.2.7 以 82C55 为例，展示了其编程指引。

（1）将实验的线路按图 2.2.8 连接好后，编程，将 8255 的 C 口作为输入，输入信号由 8 个逻辑电平开关提供，A 口作为输出，其内容由发光二极管（LED）来显示。

（2）编程从 8255C 口输入数据，再从 A 口输出。

（3）接线：

8255/JP$_8$（PC$_7$∼PC$_0$）	接	逻辑开关/JP$_1$（K$_7$∼K$_0$）
8255/JP$_6$（PA$_7$∼PA$_0$）	接	LED 显示/JP$_2$（L$_7$∼L$_0$）
8255/CS	接	I/O 译码/Y$_1$（288H∼28FH）

3. 编程提示

（1）8255 控制寄存器端口地址为 28BH，A 口的地址为 288H，C 口的地址为 28AH。

（2）参考流程如图 2.2.9 所示。

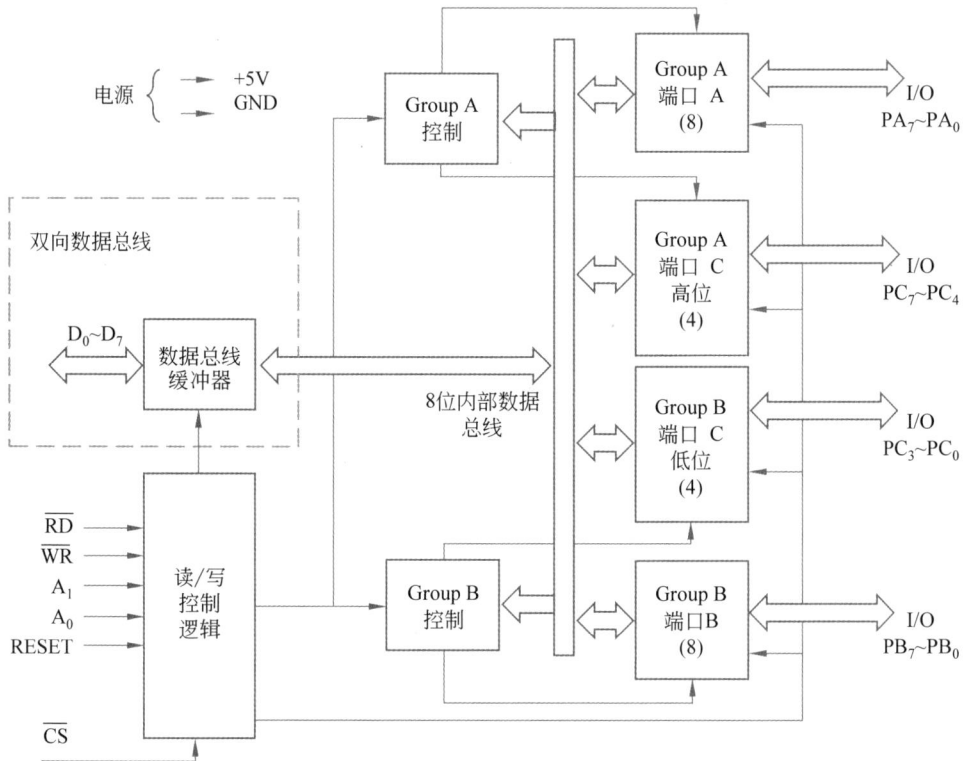

图 2.2.6   8255 功能图

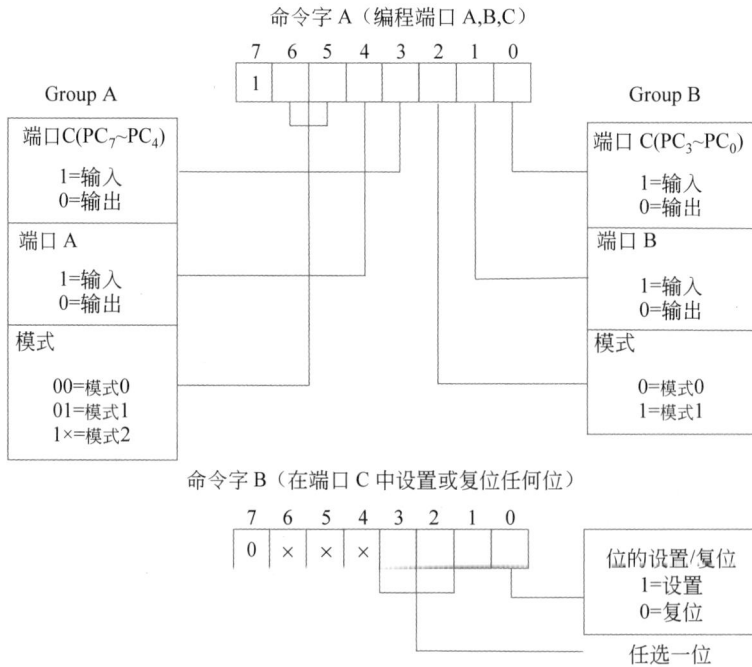

命令字 A（编程端口 A,B,C）

7	6	5	4	3	2	1	0
1							

Group A

端口C(PC$_7$~PC$_4$)

1=输入
0=输出

端口 A

1=输入
0=输出

模式

00=模式0
01=模式1
1×=模式2

Group B

端口 C(PC$_3$~PC$_0$)

1=输入
0=输出

端口 B

1=输入
0=输出

模式

0=模式0
1=模式1

命令字 B（在端口 C 中设置或复位任何位）

7	6	5	4	3	2	1	0
0	×	×	×				

位的设置/复位
1=设置
0=复位

任选一位

图 2.2.7   82C55 编程指引

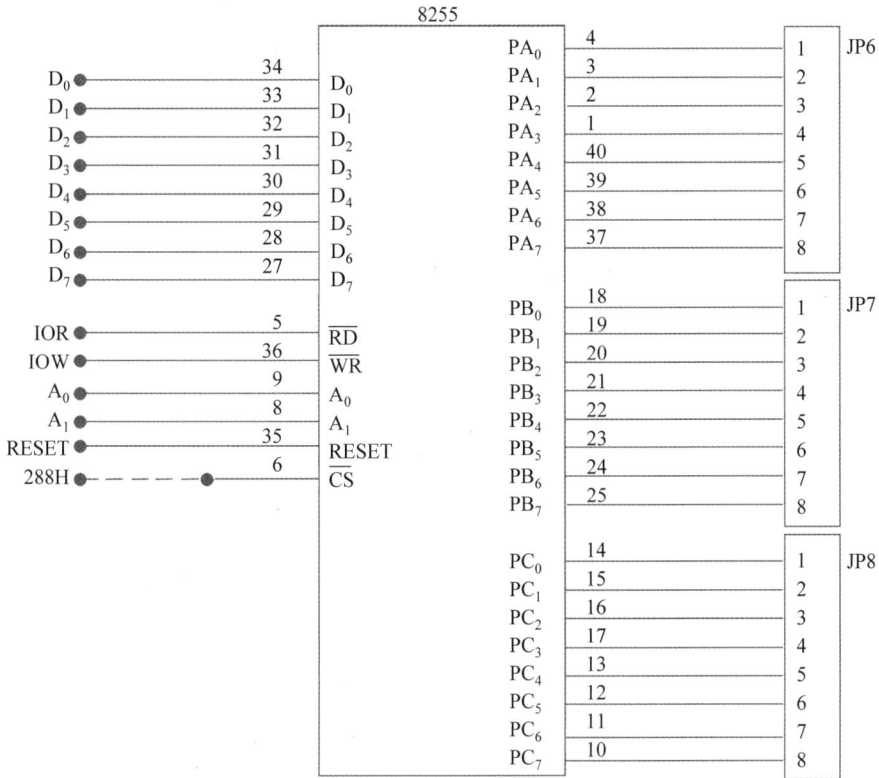

图 2.2.8 8255 并行 I/O 实验接线图

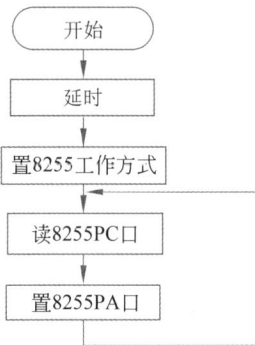

图 2.2.9 8255 并行 I/O 实验参考流程

接口实验 3 8255 方式 1 选通实验

1. 目的

通过实验,掌握 8255 工作于方式 1 选通模式的编程控制方法。

2. 内容

8255 方式 1 是一种具有专用联络线的输入/输出选通方式。只有 A 口和 B 口作为数据口,C 口的位线分别作为 A 口和 B 口的联络线。C 口联络线的定义是固定的,编程者必须按照要求使用,不能改变。此方式常用于中断或查询方式进行数据传送。

1）方式 1 输入

如图 2.2.10 和图 2.2.11 所示，当 A 口或 B 口被设定为方式 1 输入时，两个口各指定 C 口的 3 根线作为 8255 与外设之间的联络信号，这些信号线的定义是固定的，其定义如下。

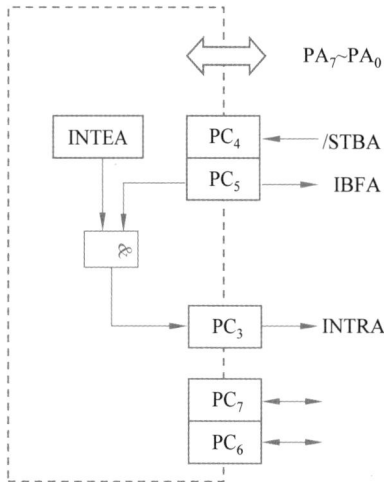

图 2.2.10　端口 A 的方式 1 输入结构及引脚定义　　图 2.2.11　端口 B 的方式 1 输入结构及引脚定义

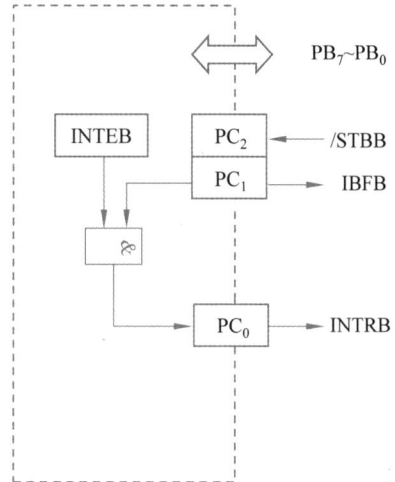

/STB——输入选通信号，低电平有效。当外设发来有效信号时，就把外设送来的数据锁存到端口的数据缓冲器中。

IBF——输入缓冲器满输出信号，高电平有效。此信号可以向外设表明一个状态：外部的数据已经被 8255A 锁存到缓冲器中，但还没有被 CPU 取走，在这种情况下外设不能再向 8255A 发送数据。只有当 CPU 执行"IN　AL,DX"指令读取数据后，IBF 归 0，外设才可发送下一个数据。

INTR——中断请求输出端，高电平有效。此信号可以作为向 CPU 发出的请求信号，CPU 可以利用中断服务程序将 8255A 中的数据读取。当然 INTR 信号的产生是有条件的：8255A 中的 INTE=1（中断允许位有效）。

INTE——中断允许位，在 A 口或 B 口被设定为方式 1 输入时，规定了 PC_4 和 PC_2 作端口 A 和端口 B 的中断允许位，可事先使用对 C 口"按位置位、复位"控制字来设定 PC_4 和 PC_2 的电平。

方式 1 输入数据时序图详见图 2.2.12。

（1）当外设数据准备好、并检测到 IBF 为空时（IBF＝0），将 8 位的并行数据送出，并发出输入选通信号/STB，8255A 利用此信号将数据线上的并行数据进行锁存。

（2）数据的锁存导致 IBF＝1（输入缓冲器满），该信号可以阻止外设继续向 8255A 输入数据，避免数据丢失。

（3）如果中断是允许的（INTE＝1），8255A 则会向外部发出中断请求信号（INTR＝1）。当 CPU 检测到该信号，且利用中断服务程序将 8255A 中的数据使用"IN AL,DX"指令读取后，中断请求信号 INTR＝0、缓冲器满标志 IBF＝0。

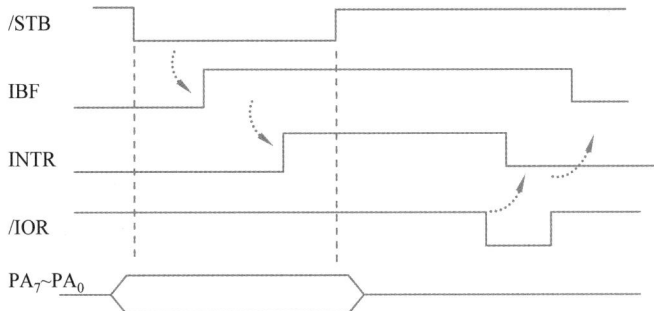

图 2.2.12　方式 1 输入数据时序图

（4）外设检测到 IBF＝0 后,就可以发送下一字节的并行数据。

2）方式 1 输出

如图 2.2.13 和图 2.2.14 所示,当 A 口或 B 口被设定为方式 1 输出时,两个口各指定 C 口的 3 根线作为 8255 与外设之间的联络信号,这些信号线的定义是固定的,其定义如下。

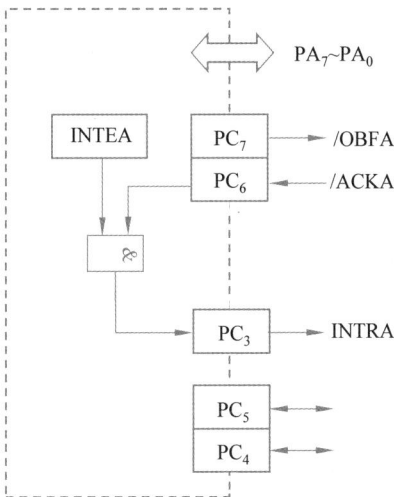

图 2.2.13　端口 A 的方式 1 输出结构及引脚定义

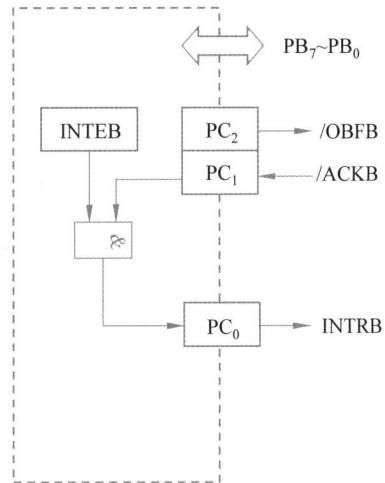

图 2.2.14　端口 B 的方式 1 输出结构及引脚定义

/OBF——输出缓冲器满信号,低电平有效。当 8255A 接收到 CPU 由"OUT DX, AL"指令送来的数据时,就通过该信号通知外设准备接收数据。

/ACK——外设送来的应答信号,低电平有效。此信号表明外设已经收到了 8255A 发出的数据信号,它是对/OBF 的一个应答信号。

INTR——中断请求输出端,高电平有效。此信号可以作为向 CPU 发出的请求信号, CPU 可以利用中断服务程序向 8255A 发送下一字节的数据。当然 INTR 信号的产生是有条件的：8255A 中的 INTE＝1（中断允许位有效）,且输出缓冲器空（/OBF＝1）和/ACK＝1。

INTE——中断允许位（设置同方式 1 输入）。

方式 1 输出数据时序图详见图 2.2.15。

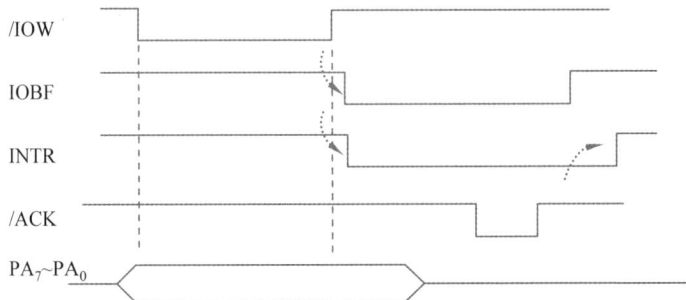

图 2.2.15　方式 1 输出数据时序图

（1）CPU 通过执行指令"OUT DX，AL"将数据写入 8255A，此时指令会产生/IOW 信号，在/IOW 信号的上升沿时/OBF＝1，向外设通知 8255A 的输出缓冲期已满。在 /IOW 上升沿时使 INTR 变低、撤销中断请求。

（2）8255A 的/OBF 信号触发了外设对数据的读取，并产生一个应答信号负脉冲 （/ACK＝0），以表明外设已收到数据，在/ACK 的上升沿时使 8255A 的中断请求信号有效（INTR＝1）。

（3）如果中断是允许的（INTE＝1），INTR＝1 信号可以引发 CPU 的中断服务，在服务程序中 CPU 发送下一字节到 8255A。

3）方式 1 的状态字

在上面的叙述中，采用的是中断模式通过 8255A 来协调 CPU 与外设之间的数据交换。当然也可以采用查询状态字的方式来实现双方的数据交换。

如标志/IBF、/OBF 的状态是通过读 C 口实现的。

方式 1 的状态字如图 2.2.16 和图 2.2.17 所示。

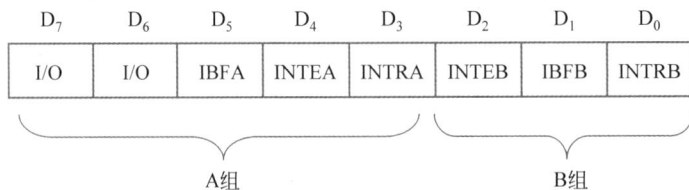

D_7	D_6	D_5	D_4	D_3	D_2	D_1	D_0
I/O	I/O	IBFA	INTEA	INTRA	INTEB	IBFB	INTRB

A组　　　　　　　　　B组

图 2.2.16　8255A 的方式 1 输入方式状态字

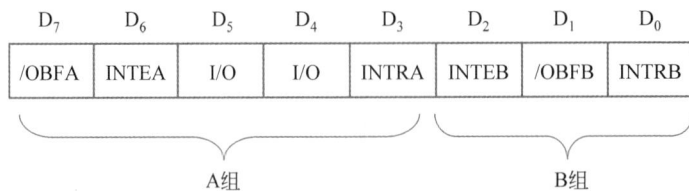

D_7	D_6	D_5	D_4	D_3	D_2	D_1	D_0
/OBFA	INTEA	I/O	I/O	INTRA	INTEB	/OBFB	INTRB

A组　　　　　　　　　B组

图 2.2.17　8255A 的方式 1 输出方式状态字

（1）实验电路如图 2.2.18 所示，8255B 口 $PB_2 \sim PB_0$ 接逻辑电平开关 $K_2 \sim K_0$，8255A

口接 LED 显示电路 $L_0 \sim L_7$，PC_2（/STBB）与单脉冲的负脉冲端相连。编程按下单脉冲按键产生一个负脉冲，输入数据到 PC_2，用 LED 亮灭，显示 $K_2 \sim K_0$ 开关的状态。

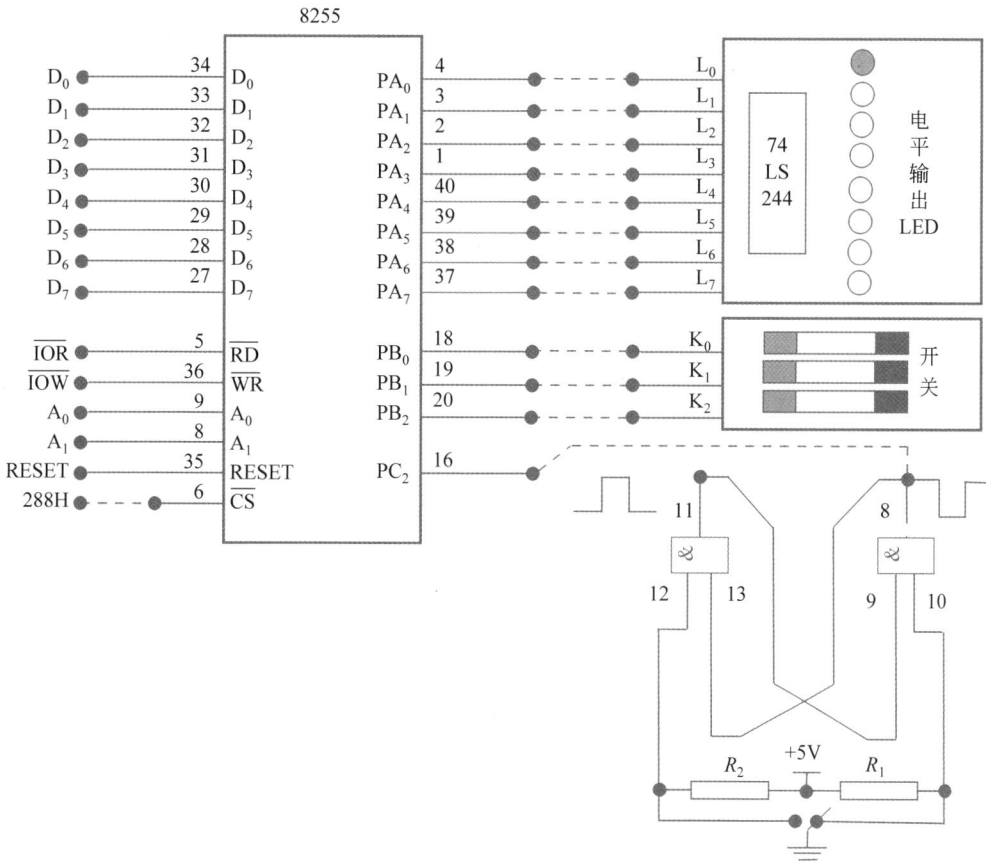

图 2.2.18 8255 方式 1 选通实验电路

（2）接线：

8255/$PB_2 \sim PB_0$	接	逻辑开关/$K_2 \sim K_0$
8255/JP6($PA_7 \sim PA_0$)	接	LED 显示/JP2($L_7 \sim L_0$)
8255/PC_2	接	单脉冲/负脉冲
8255/CS	接	I/O 译码/Y_1（288H~28FH）

3. 编程提示

参考流程如图 2.2.19 所示。

接口实验 4　8255 方式 1 中断输出实验

1. 目的

（1）掌握 8255 方式 1 时的使用及编程。

（2）进一步掌握中断处理程序的编写。

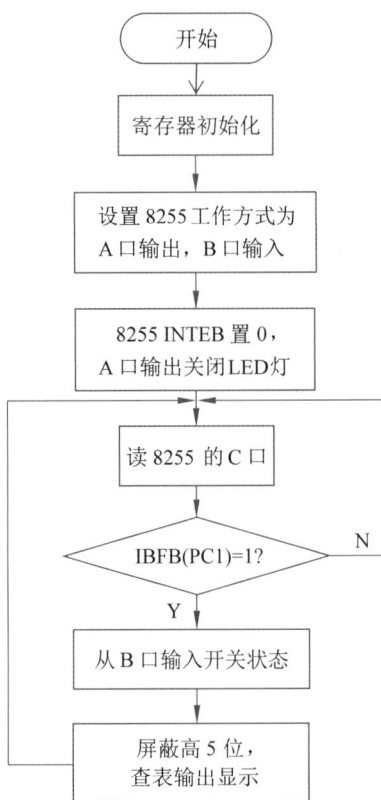

图 2.2.19　8255 方式 1 选通实验参考流程

2. 内容

（1）按图 2.2.20 的输出电路连好线路。编程每按一次单脉冲按钮产生一个正脉冲，使 8255 产生一次中断请求，让 CPU 进行一次中断服务：依次输出 01H，02H，04H，08H，10H，20H，40H，80H，使 L_0~L_7 依次发光，中断 8 次结束。

（2）接线：

8255/JP₆(PA₇~PA₀)	接	LED 显示/JP₂(L₇~L₀)
8255/PC₆	接	单脉冲/正脉冲
8255/PC₃	接	总线区/SIRQx
8255/CS	接	I/O 译码/Y₁(288H~28FH)

3. 编程提示

参考流程如图 2.2.21 所示。

接口实验 5　8255 方式 1 中断输入实验

1. 目的

（1）掌握 8255 方式 1 时的使用及编程。

（2）进一步掌握中断处理程序的编写。

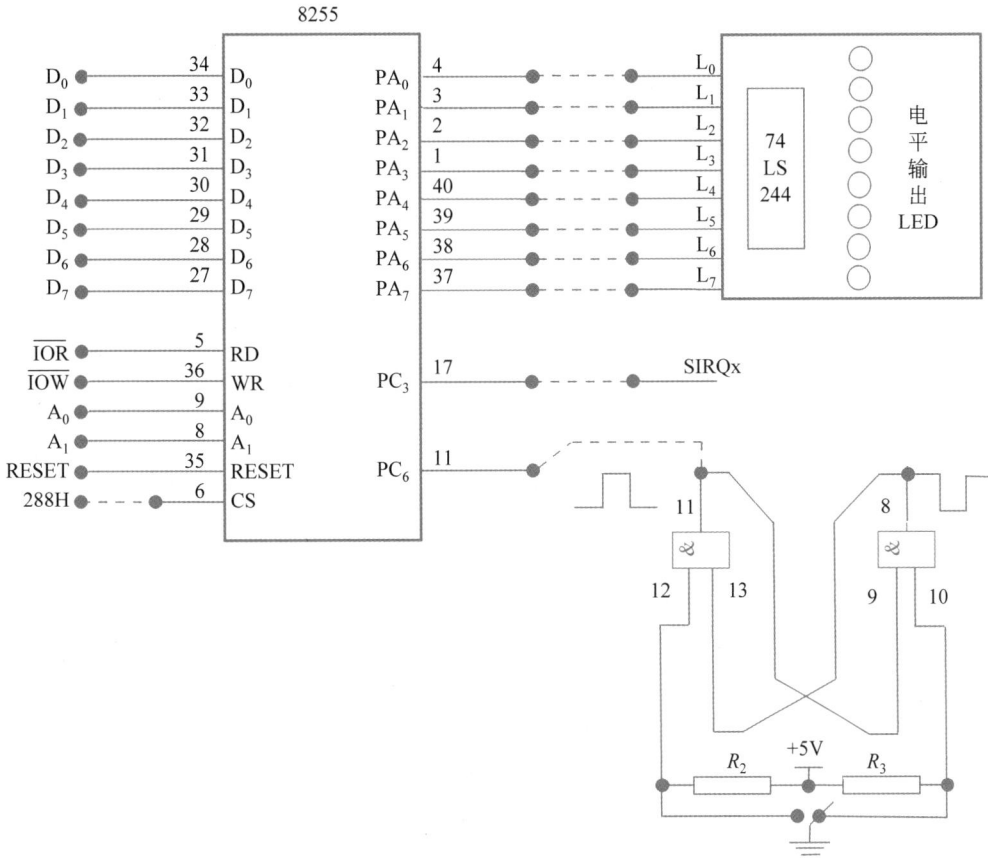

图 2.2.20　8255 方式 1 中断输出实验电路

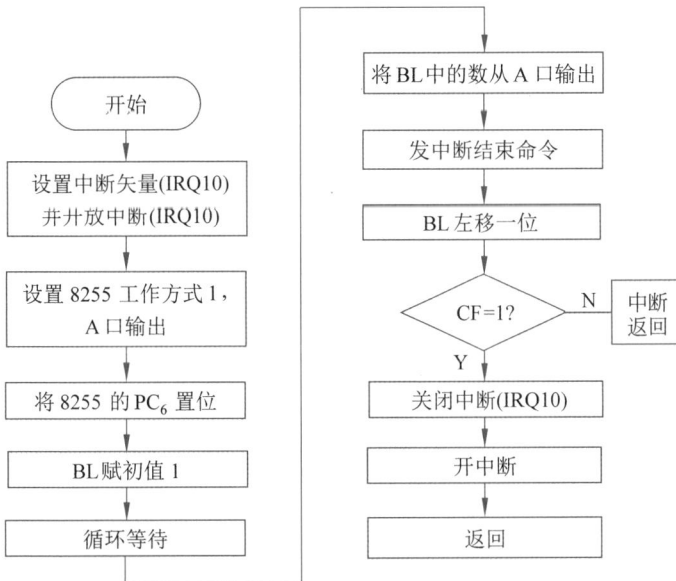

图 2.2.21　8255 方式 1 中断输出实验参考流程

2. 内容

（1）按图 2.2.22 输入电路连好线路。编程每按一次单脉冲按钮产生一个正脉冲,使 8255 产生一次中断请求,让 CPU 进行一次中断服务:读取逻辑电平开关预置的 ASCII 码,在屏幕上显示其对应的字符,中断 8 次结束。

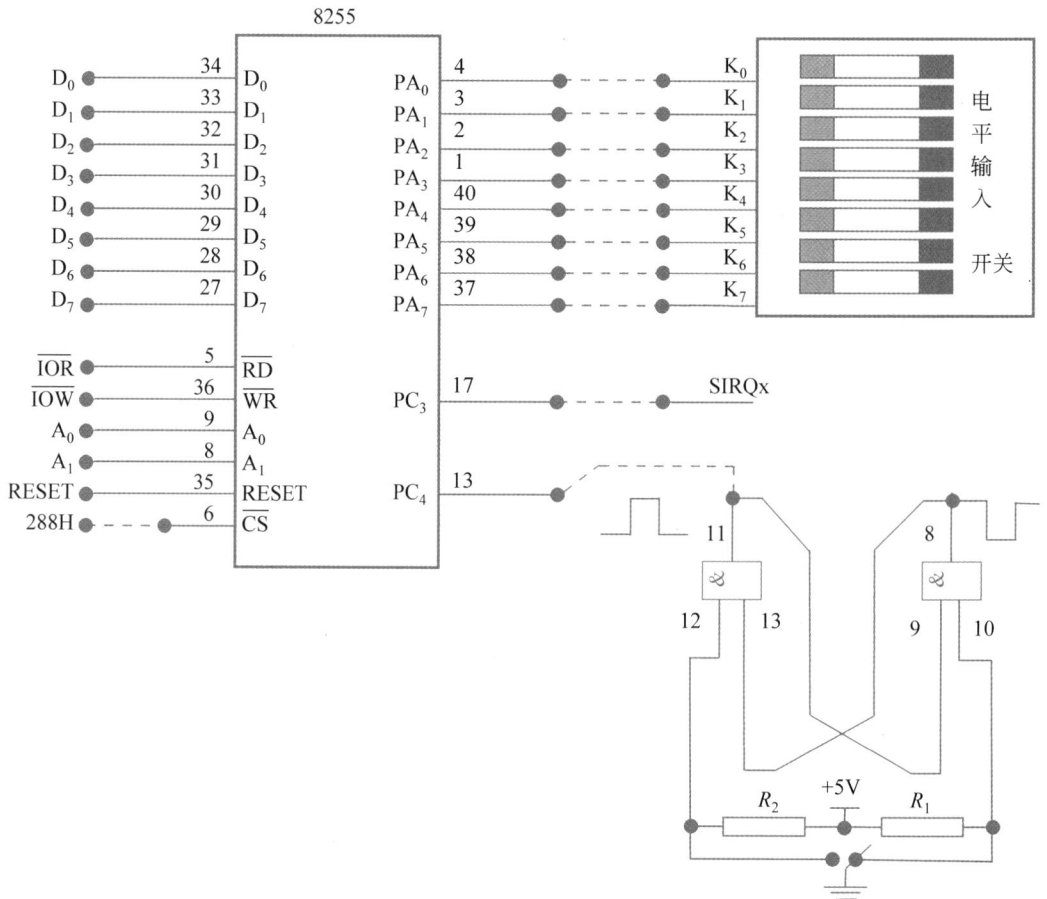

图 2.2.22　8255 方式 1 中断输入实验电路

（2）接线:

8255/JP$_6$(PA$_7$~PA$_0$)	接	逻辑开关/JP$_1$(K$_7$~K$_0$)
8255/PC$_4$	接	单脉冲/正脉冲
8255/PC$_3$	接	总线区/SIRQx
8255/CS	接	I/O 译码/Y$_1$(288H~28FH)

3. 编程提示

参考流程如图 2.2.23 所示。

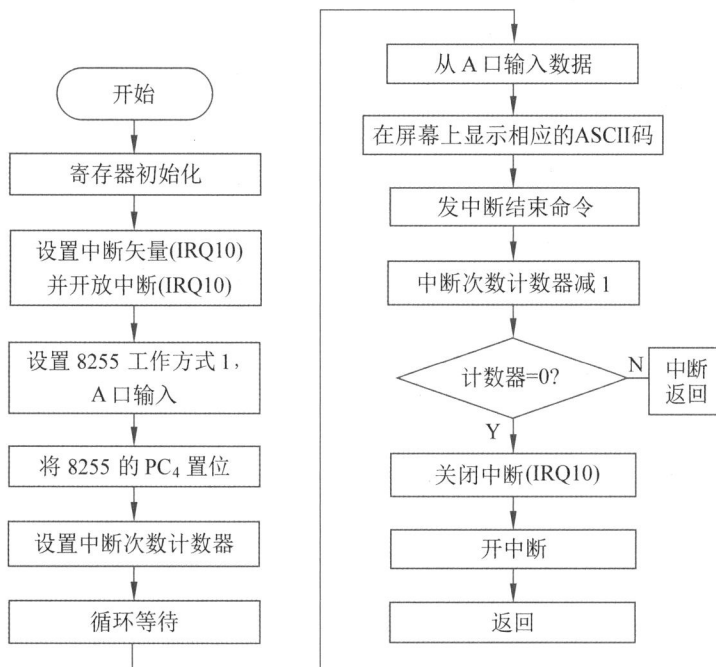

图 2.2.23　8255 方式 1 中断输入实验参考流程

接口实验 6　串行通信 8251 实验

1. 目的

(1) 了解串行通信的基本原理。

(2) 掌握串行接口芯片 8251 的工作原理和编程方法。

2. 内容

(1) 按图 2.2.24 连接好电路,其中 8254 计数器用于产生 8251 的发送和接收时钟, TXD 和 RXD 连在一起。编程:从键盘输入一个字符,将其 ASCII 码加 1 后发送出去,再接收回来在屏幕上显示,实现自发自收。

(2) 接线:

8254/CLK$_0$	接	时钟/1MHz
8254/CS	接	I/O 译码/Y0(280H~287H)
8254/OUT$_0$	接	8251/TX/RXCLK
8254/GATE$_0$	接	+5V
8251/TXD	接	8251/RXD
8251/CS	接	I/O 译码/Y$_7$(2B8H~2BFH)

3. 编程提示

(1) 8251 的控制口地址为 2B9H,数据口地址为 2B8H。

(2) 8254 计数器的计数初值=时钟频率/(波特率×波特率因子),时钟频率为 1MHz

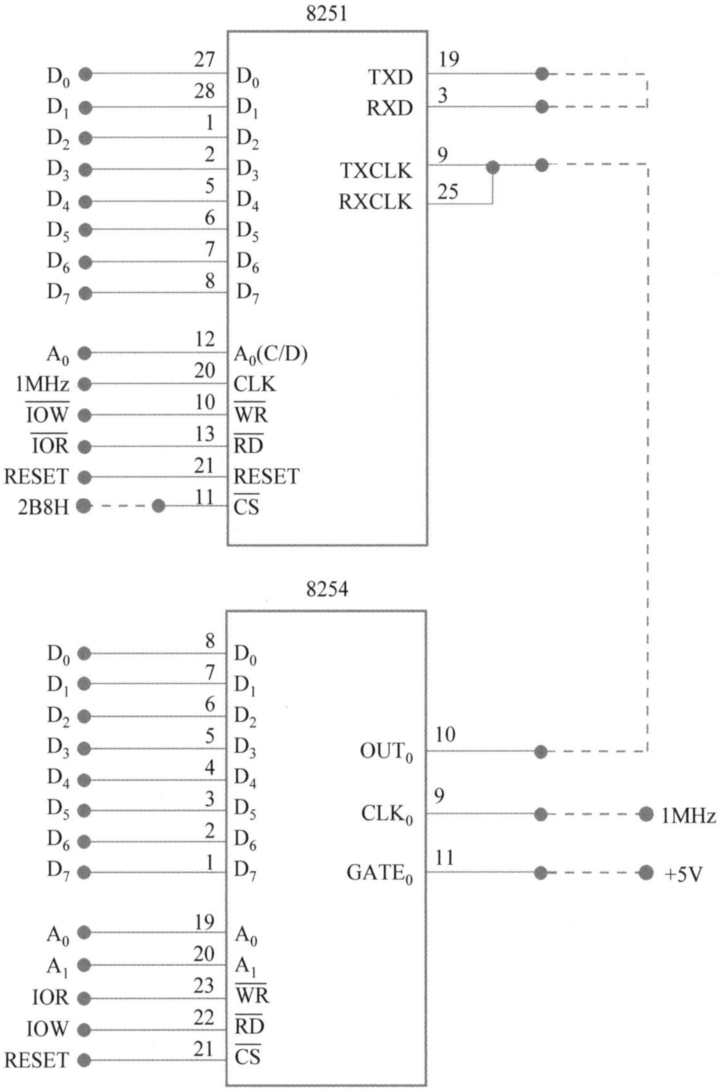

图 2.2.24　串行通信 8251 实验电路

(1MHz $=$ 1 000 000Hz)，波特率若选 1200，波特率因子为 16，则计数器初值为 52。

$$n = \frac{10^6}{1\ 200 \times 16} = \frac{1\ 000\ 000}{19\ 200} \approx 52$$

（3）收发采用查询方式。

（4）参考流程如图 2.2.25 所示。

接口实验 7　中断控制器 8259 实验

1. 目的

（1）掌握 PC 中断处理系统的基本原理。

（2）学会编写中断服务程序。

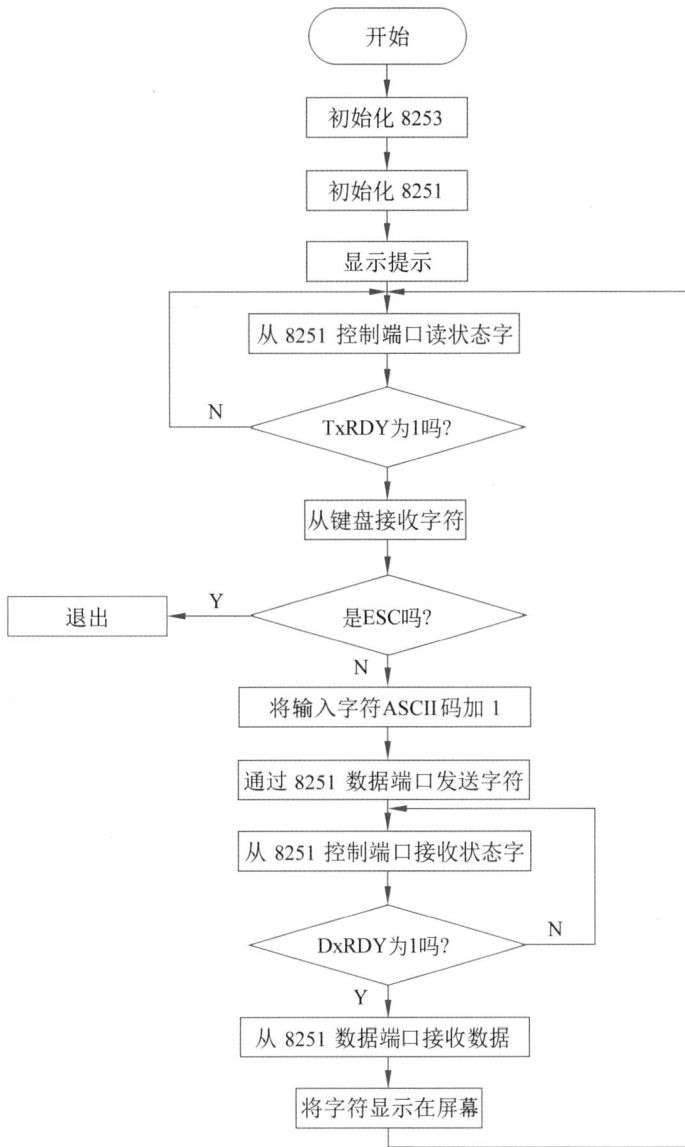

图 2.2.25　串行通信 8251 实验参考流程

（3）掌握扩展中断查询方法。

2. 内容

（1）实验原理：采用查询方式。如图 2.2.26 所示，编制程序，每按一次单脉冲进行一次中断，屏幕上显示相应的中断请求信号。

（2）接线：

8259/IR$_7$～IR$_0$	接	逻辑开关/K$_7$～K$_0$
8259/CS	接	I/O 译码/Y$_6$（2B0H～2B7H）
8259/INTA	接	＋5V

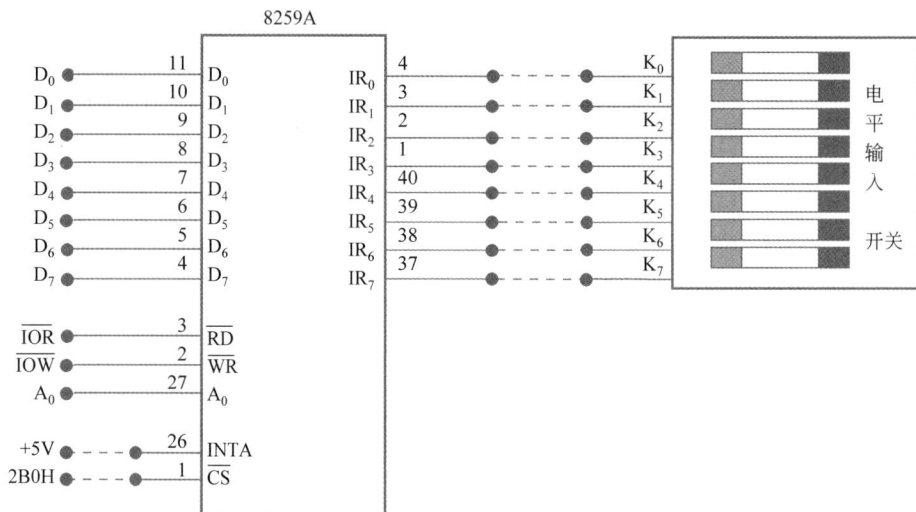

图 2.2.26　中断控制器 8259 实验电路

3. 编程提示

参考流程如图 2.2.27 所示。

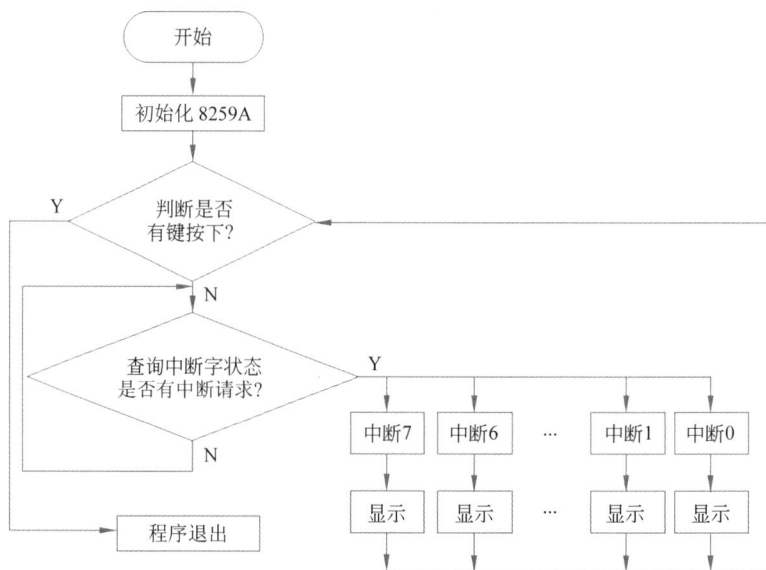

图 2.2.27　中断控制 8259 实验参考流程

接口实验 8　直流电动机转速控制实验

1. 目的

（1）进一步了解 DAC0832 的性能及编程方法。

（2）了解直流电动机控制的基本方法。

2. 内容

（1）按图 2.2.28 线路接线。DAC0832 的 CS 接 290H～297H，U_B 连接直流电动机电路，8255 $\overline{CS}$ 接 288H～28FH。

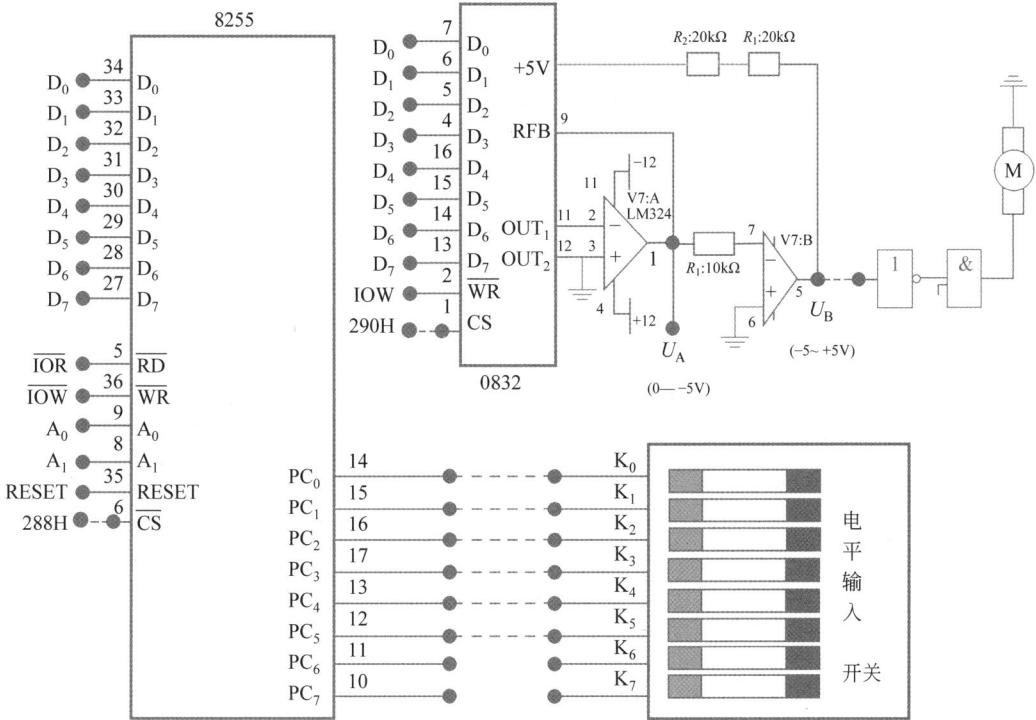

图 2.2.28　直流电动机转速控制实验电路

（2）编程利用 DAC0832 输出一串脉冲，经放大后驱动小直流电动机，利用开关 K_0～K_5 控制改变输出脉冲的电平及持续时间，达到使电动机加速、减速的目的。

（3）直流电动机的转速是由 0832 的 U_B 输出脉冲的占空比决定的，正向占空比越大，电动机转速越快，反之越慢，如图 2.2.29 所示。

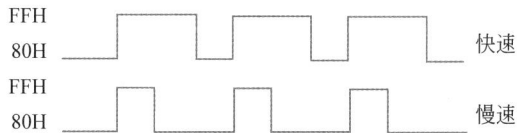

图 2.2.29　直流电动机占空比与转速关系

0832 的输出 U_B 为双极性，当输入量小于 80H 时，输出为负，电动机反转；当输入量等于 80H 时，输出为 0，电动机停止转动；当输入量大于 80H 时，输出为正，电动机正转。本实验 0832 输出的数字量只需要两个数值 80H 和 FFH，80H 对应电动机反转，FFH 对应电动机正转，通过不同的延时时间达到改变电动机转速的目的。

（4）接线。

8255/CS	接	I/O 地址译码/Y_1(288H～28FH)

8255/JP$_8$(PC$_7$~PC$_0$)	接	逻辑开关/JP$_1$(K$_7$~K$_0$)
0832/CS	接	I/O 地址译码/Y$_2$(290H~297H)
0832/U$_B$	接	直流电动机

3. 编程提示

0832 输出 80H 的持续时间是不变的,输出 FFH 的持续时间越长,电动机转动时的速度就越快。持续时间长短,可以利用开关 K$_0$~K$_5$ 控制,共 6 挡,达到使电动机加速、减速的目的。K$_0$ 对应的速度最慢,K$_5$ 对应的速度最快。

参考流程如图 2.2.30 所示。

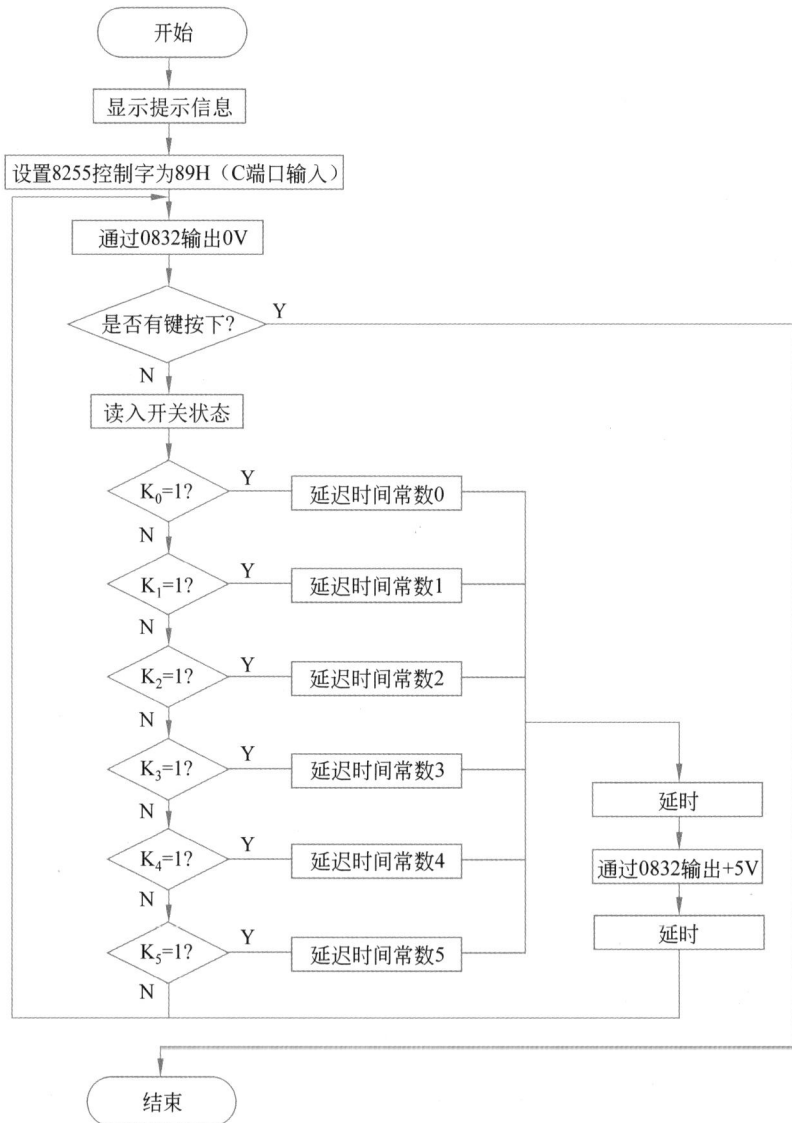

图 2.2.30 直流电动机转速控制实验参考流程

接口实验 9　存储器读写实验

1. 目的

熟悉 6264 静态 RAM(SRAM)的使用方法,掌握 PC 外存扩充的手段。

2. 内容

SRAM 引脚如图 2.2.31 所示,实验电路如图 2.2.32 所示。

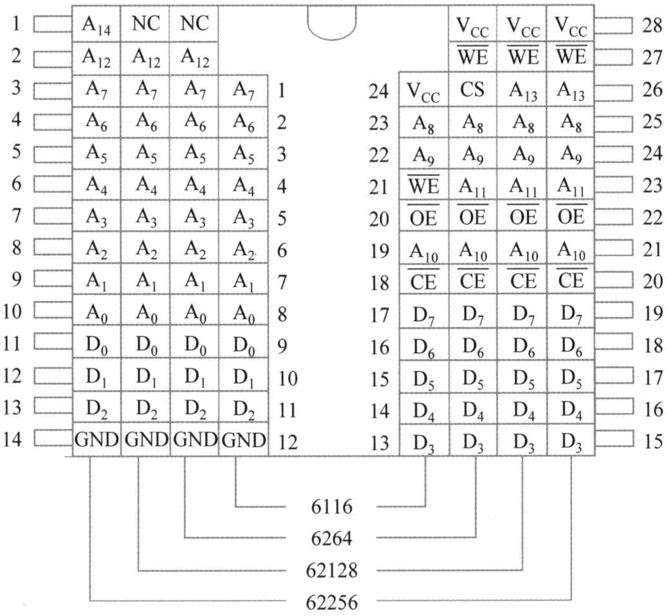

图 2.2.31　SRAM 引脚图

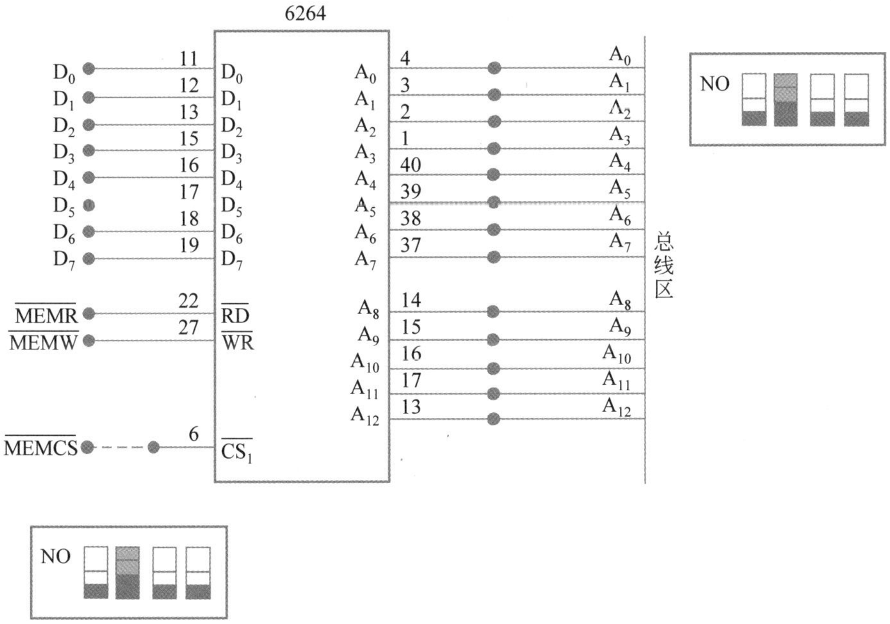

图 2.2.32　存储器读写实验电路

6264 的引脚有一些特殊,体现在还有一个 CS 引脚需要接高电平,各引脚功能如下。

$\overline{\text{CE}}$:片选信号输入线,低电平有效(但对 6264 芯片,当 24 脚(CS)为高电平且 $\overline{\text{CE}}$ 为低电平时才选中该片)。

$\overline{\text{OE}}$:读选通信号输入线,低电平有效(从外 RAM 中读数据,连 $\overline{\text{RD}}$)。

$\overline{\text{WE}}$:写允许信号输入线,低电平有效(往外 RAM 中写数据,连 $\overline{\text{WR}}$)。

RAM 存储器有读出、写入和维持 3 种工作方式,工作方式的控制信号如表 2.2.2 所示。

表 2.2.2　3 种 RAM 存储器工作方式的控制信号

工作方式	RAM 存储器的控制信号			
	$\overline{\text{CE}}$	$\overline{\text{OE}}$	$\overline{\text{WE}}$	$D_0 \sim D_7$
读出	0	0	1	数据输出
写入	0	1	0	数据输入
维持	1	$\times$	$\times$	高阻态

(1) 注意:USB 核心板已为扩展的 6264 指定了段的起始地址 0D4000H。其地址范围为 0D4000H~0D7FFFH。

(2) 通过片选信号的产生方式,其地址为 CS＝A_{15} AND A_{14} AND A_{13} AND A_{12},实验台上设有地址选择拨动开关,拨动开关,可以选择 4000~7FFF 的地址范围。

开关状态如下:
```
        1     2     3     4     地址
       OFF   ON   OFF   OFF   D4000H
       OFF   ON    ON    ON   D7000H
```

(3) 编制程序从 D4000H 开始循环写入 100H 个'A'~'Z',再读出显示在主机屏幕上。

(4) 接线:
```
6264/MEMW          接       总线/MEMW
6264/MEMR          接       总线/MEMR
6264/CS            接       MEM 译码/MEMCS
```

3. 编程提示

参考流程如图 2.2.33 所示。

接口实验 10　用 DMA 进行存储器向存储器块传送数据实验

1. 目的

(1) 学习用 DMA 进行存储器向存储器块传送数据的编程方法。

(2) 掌握扩展 DMA 的编程方法。

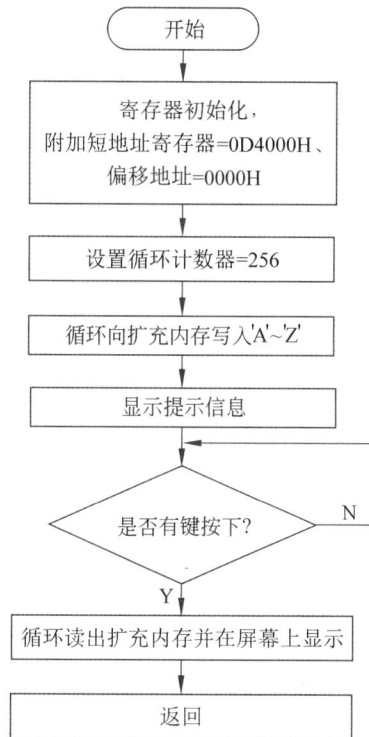

图 2.2.33　存储器读写实验参考流程

2. 内容

（1）DMA 传送的基本概念。

DMA 即直接存储器访问，是一种外设与存储器或者存储器与存储器之间直接传送数据的方法，适用于需要大量数据高速传送的场合，通常在微型机系统中，图像显示、磁盘存取、磁盘间的数据传送和高速的数据采集系统均可采用 DMA 数据交换技术。DMA 传送示意图如图 2.2.34 所示，在数据传送过程中，DMA 控制器可以获得总线控制权，控制高速 I/O 设备（如磁盘）和存储器之间直接进行数据传送，不需要 CPU 直接参与。用来控制 DMA 传送的硬件控制电路就是 DMA 控制器（DMAC）。

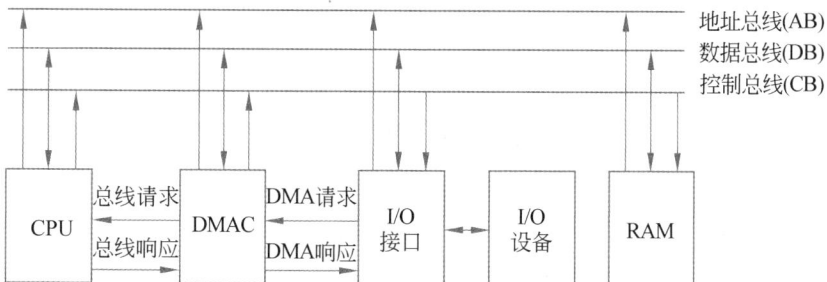

图 2.2.34　DMA 传送示意图

图 2.2.34 数据传送过程如下。

① I/O 接口向 DMAC 发出 DMA 请求。

② 如果 DMAC 未被屏蔽,则在接到 DMA 请求后,向 CPU 发出总线请求,希望 CPU 让出数据总线、地址总线和控制总线的控制权,由 DMAC 控制。

③ CPU 执行完现行的总线周期,如果 CPU 同意让出总线控制权,向 DMAC 发出响应请求的回答信号,并且脱离三总线处于等待状态。

④ DMAC 在收到总线响应信号后,向 I/O 接口发 DMA 响应信号,并由 DMAC 接管三总线控制权。

⑤ 进行 DMA 传送。DMAC 给出传送数据的内存地址、传送的字节数、及发出 $\overline{RD/WR}$ 信号;在 DMA 控制下,每传送一字节,地址寄存器加 1,字节计数器减 1,如此循环,直至计数器值为 0。DMA 读操作:读存储器、写外设。DMA 写操作:读外设、写存储器。

⑥ DMA 传送结束,DMAC 撤除总线请求信号,CPU 重新控制总线,恢复 CPU 的工作。

(2) 8237A 的初始化编程及应用。

① 输出主清除命令。

② 设置页面寄存器。

③ 写入基地址与当前地址寄存器。

④ 写入基字节与当前字节计数寄存器。

⑤ 写入工作方式寄存器。

⑥ 写入屏蔽寄存器。

⑦ 写入命令寄存器。

⑧ 写入请求寄存器。若用软件方式发 DMA 请求,则应向指定通道写入命令字,即进行①～⑧的编程后,就可以开始 DMA 传送的过程;若无软件请求,则在完成①～⑦的编程后,由通道的 DREQ 启动 DMA 传送过程。

(3) 内部寄存器。

8237 的结构及相关逻辑如图 2.2.35 所示。8237A 内部寄存器共有 12 个,如表 2.2.3 所示。分为两大类:一类是控制和状态寄存器;另一类是通道寄存器。CPU 对 8237A 内部寄存器的访问是在 8237A 作为一般的 I/O 设备时,通过 $A_3 \sim A_0$ 的地址译码选择相应的寄存器。具体操作:用 A_3 区分上述两类寄存器,$A_3 = 1$ 选择第一类寄存器,$A_3 = 0$ 选择第二类寄存器。对于第一类寄存器,有两个寄存器共用一个端口地址,这种情况,用 $\overline{IOR}$ 和 $\overline{IOW}$ 区分。

表 2.2.3　8237A 内部寄存器

寄存器名称	位　　数	数　　量	CPU 访问方式
基地址寄存器	16	4	只写
基字节计数寄存器	16	4	只写
当前地址寄存器	16	4	可读可写

寄存器名称	位　数	数　量	CPU 访问方式
当前字节计数寄存器	16	4	可读可写
地址暂存器	16	1	不能访问
字节计数暂存器	16	1	不能访问
命令寄存器	8	1	只写
工作方式寄存器	6	4	只写
屏蔽寄存器	4	1	只写
请求寄存器	4	1	只写
状态寄存器	8	1	只读
暂存寄存器	8	1	只读

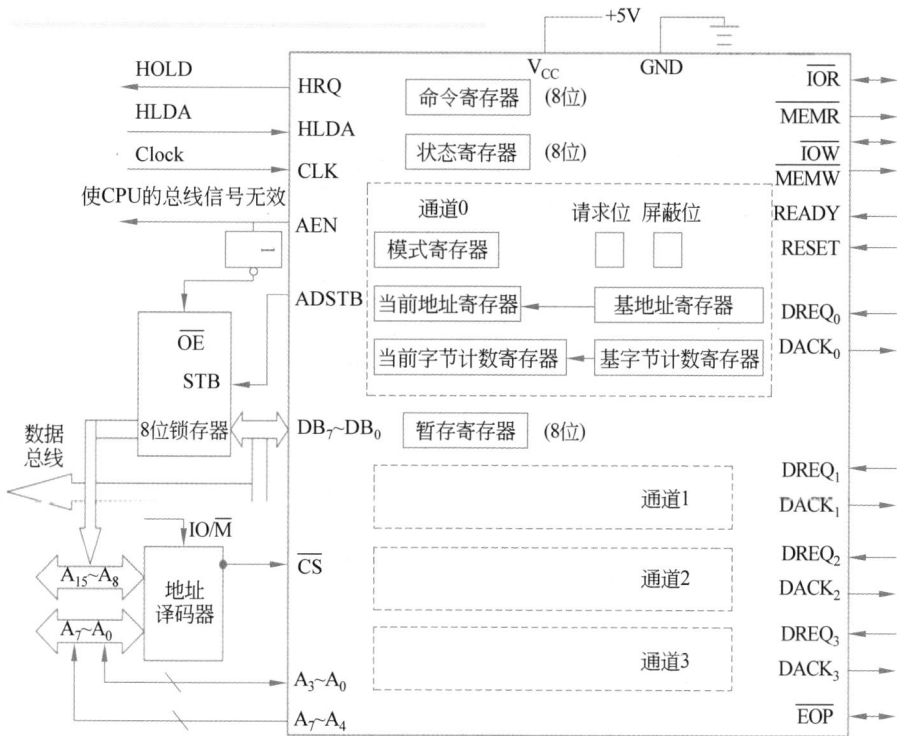

图 2.2.35　8237 的结构及相关逻辑

从 8237A 内部寄存器寻址及软件命令(见表 2.2.4)可以看出,$A_3=1$ 选择第一类寄存器,$A_3=0$ 选择第二类寄存器。对于第一类寄存器 $A_2 \sim A_0$ 用来指明选择哪个寄存器,若有两个寄存器共用一个端口,用读/写信号区分。对于第二类寄存器用 A_2、A_1 来区分选择哪个通道,用 A_0 来区分是选择地址寄存器还是字节计数寄存器。

表 2.2.4　8237A 内部寄存器寻址及软件命令

	$\overline{CS}$	$\overline{IOR}$	$\overline{IOW}$	A_3	A_2	A_1	A_0	操　　作	低 4 位地址	
通道寄存器	0	1	0	0	0	0	0	通道 0 基地址寄存器	只写	0H
	0	0	1	0	0	0	0	通道 0 当前地址寄存器	可读写	
	0	1	0	0	0	0	1	通道 0 基字节计数寄存器	只写	1H
	0	0	1	0	0	0	1	通道 0 当前字节计数寄存器	可读写	
	0	1	0	0	0	1	0	通道 1 基地址寄存器	只写	2H
	0	0	1	0	0	1	0	通道 1 当前地址寄存器	可读写	
	0	1	0	0	0	1	1	通道 1 基字节计数寄存器	只写	3H
	0	0	1	0	0	1	1	通道 1 当前字节计数寄存器	可读写	
	0	1	0	0	1	0	0	通道 2 基地址寄存器	只写	4H
	0	0	1	0	1	0	0	通道 2 当前地址寄存器	可读写	
	0	1	0	0	1	0	1	通道 2 基字节计数寄存器	只写	5H
	0	0	1	0	1	0	1	通道 2 当前字节计数寄存器	可读写	
	0	1	0	0	1	1	0	通道 3 基地址寄存器	只写	6H
	0	0	1	0	1	1	0	通道 3 当前地址寄存器	可读写	
	0	1	0	0	1	1	1	通道 3 基字节计数寄存器	只写	7H
	0	0	1	0	1	1	1	通道 3 当前字节计数寄存器	可读写	
控制和状态寄存器	0	1	0	1	0	0	0	命令寄存器	只写	8H
	0	0	1	1	0	0	0	状态寄存器	只读	
	0	1	0	1	0	0	1	写请求标志	只写	9H
	0	1	0	1	0	1	0	写单个通道屏幕标志位	只写	AH
	0	1	0	1	0	1	1	工作方式寄存器	只写	BH
	0	1	0	1	1	0	0	清除字节指示器（软命令）	只写	CH
	0	0	1	1	1	0	1	读暂存寄存器	只写	DH
	0	1	0	1	1	0	1	主清除命令（软命令）	只读	
	0	1	0	1	1	1	0	清除屏蔽标志位（软命令）	只写	EH
	0	1	0	1	1	1	1	写所有通道屏蔽标志位	只写	FH

（4）本程序将 RAM 中的一段数据用 DMA 方式复制到另一个地址，编程将实验箱的 RAM 存储器缓冲区 D4000H，偏移量为 0 的一块数据循环写入字符 A～Z，用 Block MODE DMA 方式传送到实验箱的 RAM 存储器的缓冲区 D4200H 上，并查看送出的数据是否正确。

用 DMA 进行存储器向存储器块传送数据实验电路如图 2.2.36 所示。

（5）接线：

6264/MEMW	接	总线/MEMW
6264/MEMR	接	总线/MEMR
6264/CS	接	MEM 译码/MEMCS

3. 编程提示

（1）8237 的端口地址为 10H～1FH，通道 1 页面寄存器的端口地址为 83H。

（2）汇编程序中，为避免与系统 8237 有冲突，USB 模块上的 8237 端口范围为 10H～

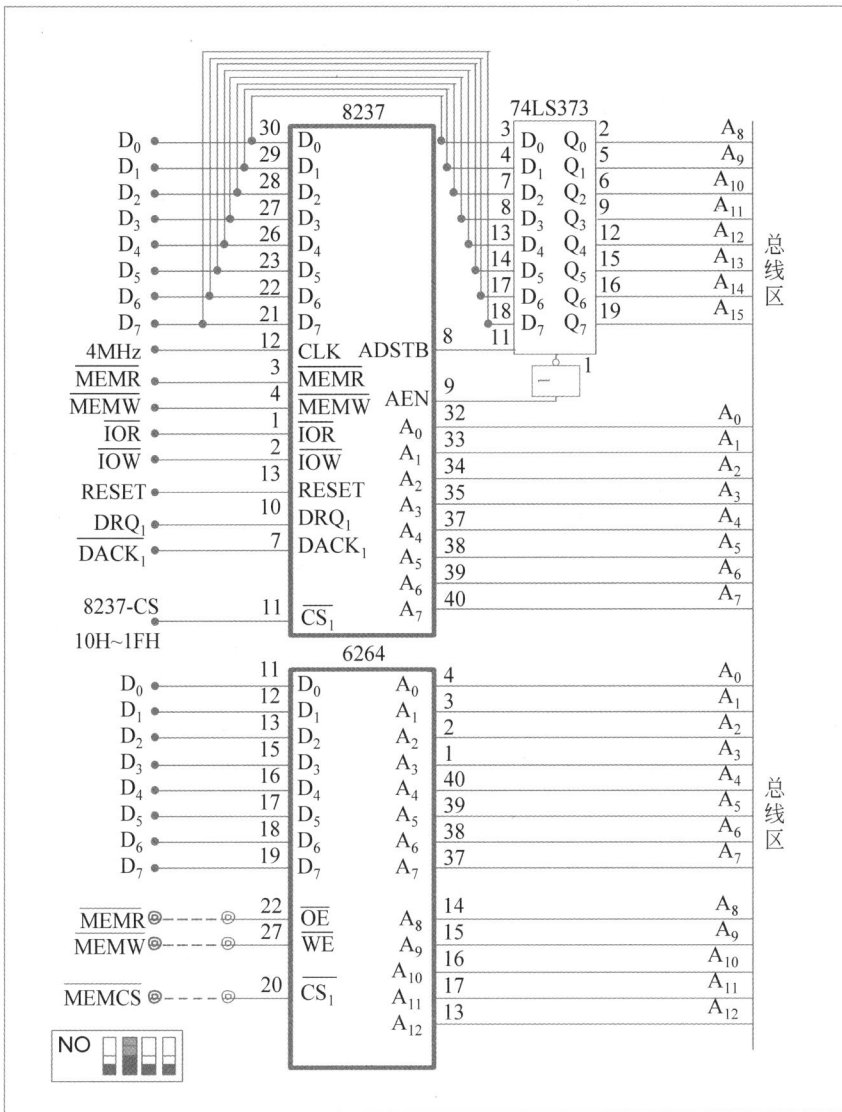

图 2.2.36 用 DMA 进行存储器向存储器块传送数据实验电路

1FH,即按通常模式进行 DMA 编程时,对 8237 所有端口均加 10H。

（3）参考流程如图 2.2.37 所示。

接口实验 11 七段数码管动态显示实验

1. 目的

掌握七段数码管显示器动态显示的原理。

2. 内容

（1）七段数码管如图 2.2.38 所示,其字形代码表如表 2.2.5 所示。

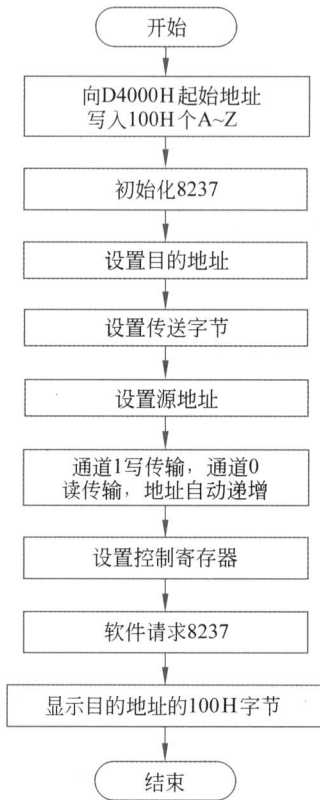

图 2.2.37 用 DMA 进行存储器向存储器块传送数据实验参考流程

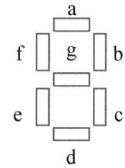

图 2.2.38 七段数码管

表 2.2.5 七段数码管的字形代码表

显示字形	g	f	e	d	c	b	a	段码
0	0	1	1	1	1	1	1	3FH
1	0	0	0	0	1	1	0	06H
2	1	0	1	1	0	1	1	5BH
3	1	0	0	1	1	1	1	4FH
4	1	1	0	0	1	1	0	66H
5	1	1	0	1	1	0	1	6DH
6	1	1	1	1	1	0	1	7DH
7	0	0	0	0	1	1	1	07H
8	1	1	1	1	1	1	1	7FH
9	1	1	0	1	1	1	1	6FH
A	1	1	1	0	1	1	1	77H

显示字形	g	f	e	d	c	b	a	段码
B	1	1	1	1	1	0	0	7CH
C	0	1	1	1	0	0	1	39H
D	1	0	1	1	1	1	0	5EH
E	1	1	1	1	0	0	1	79H
F	1	1	1	0	0	0	1	71H

（2）动态显示：按图 2.2.39 连接好电路，将 8255 的 A 口 $PA_0 \sim PA_7$ 分别与七段数码管的段码驱动输入端 A～DP 相连，位码驱动输入端 S_0 接 8255 的 C 口 PC_0、PC_1；编程在两个数码管上循环显示 00～99。

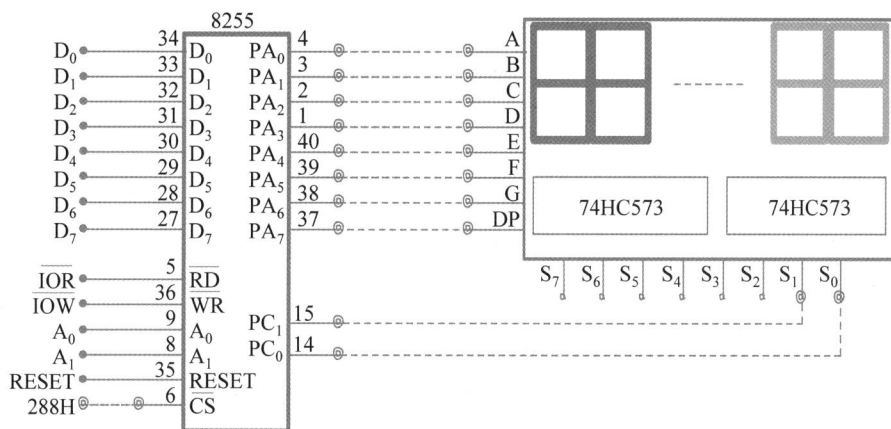

图 2.2.39　七段数码管动态显示实验电路

（3）接线：

$8255/JP_6(PA_0 \sim PA_7)$	接	数码管/JP_3（A～DP）
8255/$\overline{CS}$	接	I/O 译码/Y_1（288H～28FH）
8255/PC_0，PC_1	接	数码管/S_0，S_1

3. 编程提示

（1）实验台上的七段数码管为共阴型，段码采用同相驱动，输入端加高电平，选中的数码管亮，位码输入端低电平选中。

（2）参考流程如图 2.2.40 所示。

接口实验 12　模拟霓虹灯控制系统设计实验

1. 目的

（1）通过对 8255 芯片的编程控制各个端口的输出，进一步掌握对 8255 芯片各端口

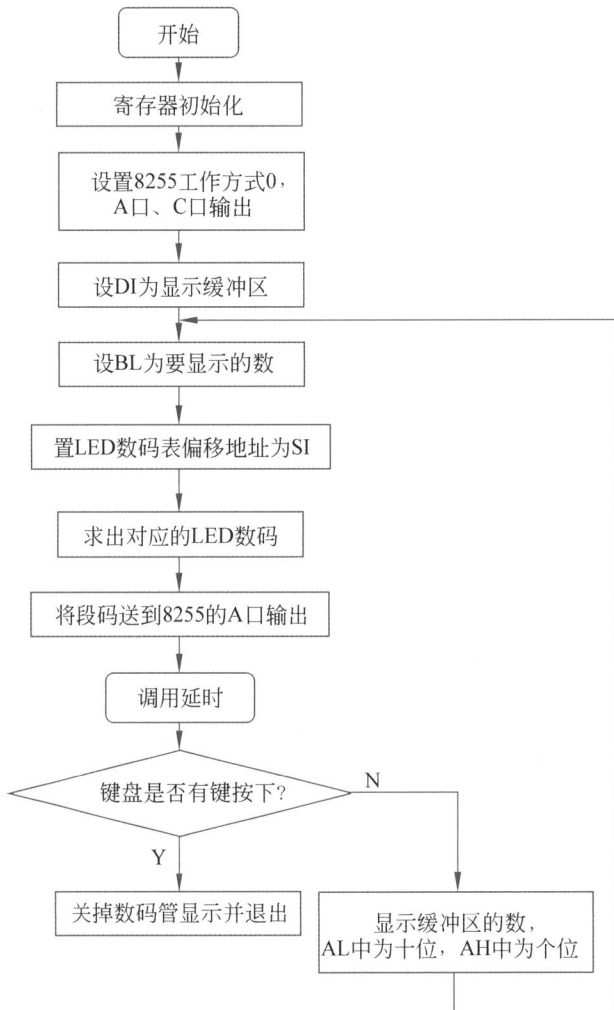

图 2.2.40　七段数码管动态显示实验参考流程

的使用及理解。

（2）掌握七段数码管显示数字的原理以及灯 $L_0 \sim L_7$ 的亮灭过程。

2. 内容

（1）按图 2.2.41 连接电路，将 8255 的 A 口接七段数码管的断码接口，C 口接 8 个二极管，PB_1 和 PB_2 分别接控制开关 K_0、K_1。

（2）本实验设计的霓虹灯有 4 种不同变化，即两个开关 4 种不同组合方式。开关分别为 K_0、K_1（开关闭合为 1，打开为 0）。当开关组合为 00 时，8 个灯全亮且数码管显示 0；当开关组合为 01 时，8 个灯依次循环亮，表现为流水灯且数码管显示 1；当开关组合为 10 时，位置为奇数的灯一起闪烁且数码管显示 2；当开关组合为 11 时，位置为偶数的灯一起闪烁且数码管显示 3。根据实验需要编程。

（3）七段数码管如图 2.2.42 所示，其字形代码表如表 2.2.6 所示。

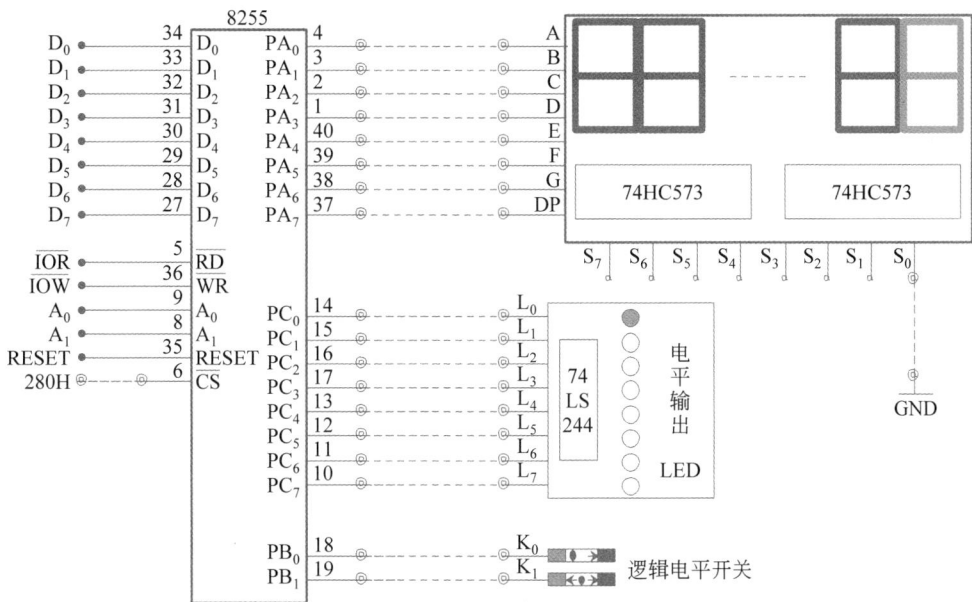

图 2.2.41 模拟霓虹灯控制系统设计实验电路

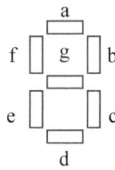

图 2.2.42 七段数码管

表 2.2.6 七段数码管的字形代码表

显示字形	g	f	e	d	c	b	a	段码
0	0	1	1	1	1	1	1	3FH
1	0	0	0	0	1	1	0	06H
2	1	0	1	1	0	1	1	5BH
3	1	0	0	1	1	1	1	4FH
4	1	1	0	0	1	1	0	66H
5	1	1	0	1	1	0	1	6DH
6	1	1	1	1	1	0	1	7DH
7	0	0	0	0	1	1	1	07H
8	1	1	1	1	1	1	1	7FH
9	1	1	0	1	1	1	1	6FH
A	1	1	1	0	1	1	1	77H
B	1	1	1	1	1	0	0	7CH
C	0	1	1	1	0	0	1	39H

显示字形	g	f	e	d	c	b	a	段码
D	1	0	1	1	1	1	0	5EH
E	1	1	1	1	0	0	1	79H
F	1	1	1	0	0	0	1	71H

（4）接线：

8255/CS	接	I/O 地址译码/Y_1（288H～28FH）
8255/JP_6（PA_7～PA_0）	接	数码管/JP_3（DP～A）
8255/JP_8（PC_7～PC_0）	接	LED 显示/JP_2（L_7～L_0）
8255/PB_0,PB_1	接	逻辑开关/K_0,K_1
数码管/S_0	接	GND

3. 编程提示

参考流程如图 2.2.43 所示。

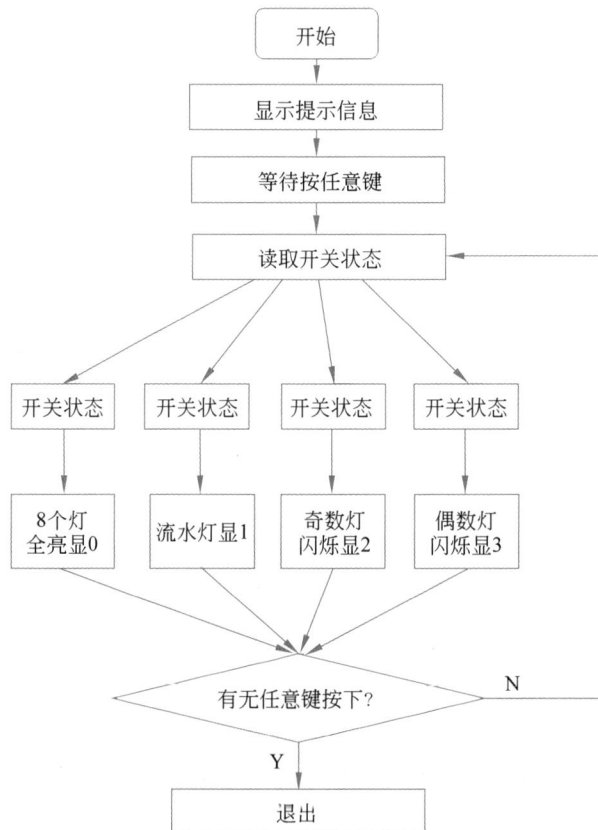

图 2.2.43　模拟霓虹灯控制系统设计实验参考流程

第3篇　接口技术与系统技术综合训练题

综合训练题1　CPU 的模式配置

1. 目的

了解 CPU 模式设置的方法。

2. 内容

8086 系统在最小模式时应该怎样配置？画出这种配置并标出主要信号的连接关系。

综合训练题2　CPU 的技术发展

1. 目的

(1) 总结 CPU 的技术进步,从中了解 CPU 的发展方向和趋势。

(2) 培养对一门技术的总体掌握能力。

(3) 培养创新思路。

2. 内容

总结 CPU 设计中的技术进步。结合实际展望未来 CPU 技术发展的方向。

综合训练题3　存储器设计

1. 目的

掌握存储器设计和容量扩展的技术。

2. 内容

用 8b×32K 的 27C256 芯片设计一个 32b×128K(即总容量为 512KB)的 32 位存储器,画出设计图并标出详细信号。

综合训练题4　换码指令的应用

1. 目的

掌握换码指令的使用方法。

2. 内容

以下是格雷码的编码表

0	0000
1	0001
2	0011
3	0010
4	0110
5	0111
6	0101
7	0100
8	1100

9	1101

用换码指令和其他指令设计一个程序段,实现格雷码向 ASCII 码的转换。

综合训练题 5　按学号查找学生姓名

1. 目的

进一步掌握换码指令在查表程序设计中的作用。

2. 内容

下面程序用 XLAT 指令将二进制数转换成十六进制数。阅读下面程序,体会 XLAT 换码指令的用法,然后,设计一个查表程序,实现按学号查找学生姓名的功能。

```
START:     JMP      BINASC
ASCII      DB       '0123456789ABCDEF'
BINASC:    PUSH     BX
           AND      AL,0FH            ;清除 AL 中高 4 位
           LEA      BX,ASCII          ;BX 指向 ASCII 码表
           XLAT                       ;转换为 ASCII 码
           POP      BX
           RET
```

综合训练题 6　串操作指令的总结

1. 目的

(1) 掌握串操作指令的使用方法。

(2) 总结汇编语言指令中所有串操作指令和 ESI(SI)、EDI(DI) 和 DF 的关系。

2. 内容

串操作指令使用时,要特别注意 ESI(SI)、EDI(DI) 寄存器中的地址修改和方向标志 DF 密切相关。具体就指令 MOVSB/MOVSW/MOVSD、CMPSB/CMPSW/CMPSD、SCASB/SCASW/SCASD、LODSB/LODSW/LODSD、STOSB/STOSW/STOSD、INSB/INSW/INSD、OUTSB/OUTSW/OUTSD 列表说明对应的 ESI(SI)、EDI(DI) 和 DF 的关系。

综合训练题 7　仿真订票系统的设计

1. 目的

(1) 掌握 LOCK 前缀的功能。

(2) 掌握在多处理系统中程序设计的一个重要方法。

2. 内容

以飞机订票系统为例说明总线封锁指令的作用(设飞机订票系统为一个多处理器系统,每个处理器都是平等的),并设计一个仿真程序,假设有 100 张票,现供多个用户站点订票,在订票过程中,保证不发生错误。

综合训练题 8　测试程序的执行时间

1. 目的

掌握用 RDTSC 指令测试程序执行时间的方法。

2. 内容

在编写的程序中,用 RDTSC 指令测试程序执行所用的时钟周期数。

综合训练题 9　总结串并行传输的特点和使用

1. 目的

总结串并行传输的技术特点和使用场合。

2. 内容

总结和比较串并行通信的使用场合和传输特点。设计一个仿真系统,内含 CPU、8251A、8255A 以及相应的片选和端口选择信号,详细标出连接信号。

综合训练题 10　接口译码电路的设计

1. 目的

(1) 掌握接口部件和端口的寻址机制。

(2) 掌握译码电路的设计方法。

2. 内容

接口部件为什么需要有寻址功能? 设计一个用 74LS138 构成的译码电路,输入为 A_3、A_4 和 A_5,输出 8 个信号以对 8 个接口部件进行选择。想一想如果要进一步对接口中的寄存器进行寻址,应该怎样实现?

综合训练题 11　数据传输方法的总结

1. 目的

掌握微型机系统中各种数据传输方式的主要特点。

2. 内容

总结在查询方式、中断方式和 DMA 方式中,分别用什么方法启动数据传输过程?

综合训练题 12　8259A 的编程

1. 目的

(1) 掌握 8259A 初始化命令字的使用方法。

(2) 掌握对 8259A 进行初始化的方法。

2. 内容

下面是对一个主从式 8259A 系统进行初始化的程序段,对以下程序段加详细注释,并具体说明各初始化命令字的含义。

```
;主片初始化程序
M82590      EQU         40H
M82591      EQU         41H
            ⋮
            MOV         AL,11H
            MOV         DX,M82590
            OUT         DX,AL
```

```
                    MOV         AL,08H
                    INC         DX
                    OUT         DX,AL
                    MOV         AL,04H
                    OUT         DX,AL
                    MOV         AL,01H
                    OUT         DX,AL
;从片初始化程序
S82590              EQU         90H
S82591              EQU         91H
                    ⋮
                    MOV         DX,S82590
                    MOV         AL,11H
                    OUT         DX,AL
                    MOV         AL,70H
                    INC         DX
                    OUT         DX,AL
                    MOV         AL,02H
                    OUT         DX,AL
                    MOV         AL,01H
                    OUT         DX,AL
```

综合训练题 13　中断处理程序设计和装配

1. 目的

（1）掌握中断处理程序的结构特点。

（2）掌握中断处理程序的装配技术。

2. 内容

下面是一个常驻内存的中断服务程序框架和它的装配程序,对此程序的注释进行补充,以便得到一个完整的注释清单。

```
STACK       SEGMENT
            DW          256 DUP（?）
STACK       ENDS

DATA        SEGMENT
8259P0      EQU         40H
8259P1      EQU         41H
            ⋮
DATA        ENDS

CODE        SEGMENT
ASSUME      CS:CODE,DS: DATA,SS: STACK
START1：     JMP         START2
INTSUB      PROC        FAR
            STI
```

```
            PUSH            ES
            PUSH            DS
            PUSH            AX
            PUSH            BX
            PUSH            SI
            PUSH            DI
            ⋮
            POP             DI
            POP             SI
            POP             BX
            POP             AX
            POP             DS
            POP             ES
            MOV             AL,20H
            MOV             DX,8259P0
            OUT             DX,AL
            IRET
INTSUB      ENDP


START2：     MOV             AX,DATA
            MOV             DS,AX
            MOV             AL,45H
            MOV             AH,25H
            MOV             DX,OFFSET INTSUB
            INT             21H                     ;设置中断向量
            MOV             AL,0
            MOV             DX,8259P1
            OUT             DX,AL
            STI
            MOV             AX,3100H
            MOV             DX,$-INTSUB
            INT             21H                     ;程序驻留退出
CODE        ENDS
            END             START1
```

综合训练题 14　8253/8254 的初始化编程

1. 目的

掌握对 8253/8254 的初始化编程方法。

2. 内容

下面是一个 8253/8254 的初始化程序段。8253/8254 的控制口地址为 46H，3 个计数器端口地址分别为 40H、42H、44H。在 8253/8254 初始化前，先将 8259A 的所有中断进行屏蔽，8259A 的奇地址端口为 82H。对下面程序段加详细注释，并以十进制数表示各计数器初值。

```
INI:        CLI
            MOV         AL,0FFH
            OUT         82H,AL
            MOV         AL,36H
            OUT         46H,AL
            MOV         AL,0
            OUT         40H,AL
            MOV         AL,40H
            OUT         40H,AL
            MOV         AL,54H
            OUT         46H,AL
            MOV         AL,18H
            OUT         42H,AL
            MOV         AL,0A6H
            OUT         46H,AL
            MOV         AL,46H

            OUT         44H,AL
            MOV         AL,80H
            OUT         44H,AL
```

综合训练题 15   8253/8254 和 8255A 的编程

1. 目的

(1) 进一步掌握对 8253/8254 的初始化编程技术。

(2) 掌握 8253/8254 的具体使用方法。

(3) 掌握 8255A 的使用方法。

2. 内容

下面是一个用 8253/8254 作为计数器的发音程序,程序中已加了部分注释。对 8253/8254 的有关程序段加上注释,并画出整个程序的流程图。8253/8254 的控制口地址为 46H,3 个计数器端口地址分别为 40H、42H、44H,8255A 的 B 端口接扬声器驱动电路,B 端口的地址为 61H。

```
SOUND:      PUSHF
            CLI
            OR          DH,DH       ;DH 中为发长音的个数
            JZ          K3          ;如不发长音,则转 K3
K1:         MOV         BL,6        ;如发长音,则置长音计数器
            CALL        BEEL        ;调用发音程序
K2:         LOOP        K2          ;两音之间留一点间隙
            DEC         DH          ;长音发完否
            JNZ         K1          ;否,则继续
K3:         MOV         BL,1        ;如发完长音,则置短音计数器
            CALL        BEEL        ;调用发音程序
K4:         LOOP        K4          ;发音之间留一点间隙
            DEC         DL          ;继续发短音吗
```

	JNZ	K3	;是,则继续
K5:	LOOP	K5	;否,则留一个间隙
	POPF		;标志恢复
	RET		;返回
BEEL:	MOV	AL,B6H	
	OUT	46H,AL	
	MOV	AX,533H	
	OUT	44H,AL	
	MOV	AL,AH	
	OUT	44H,AL	
	IN	AL,61H	;取扬声器驱动信息
	MOV	AH,AL	
	OR	AH,03	;接通扬声器
	OUT	61H,AL	;扬声器驱动
	SUB	CX,CX	;一次发音时间定时
K7:	LOOP	K7	
	DEC	BL	;BL 中为发音计数值
	JNZ	K7	;如未结束,则继续发音
	MOV	AL,AH	;如发音结束,则恢复 B 端口信息
	OUT	61H,AL	
	RET		

综合训练题 16 锯齿波发生器设计

1. 目的

(1) 掌握锯齿波发生器的设计方法。

(2) 掌握锯齿波周期调节方法。

2. 内容

设计电路和相应程序完成一个锯齿波发生器的功能,使锯齿波呈负向增长,并且锯齿波周期可调。

综合训练题 17 A/D 转换电路和流程设计

1. 目的

(1) 掌握 A/D 转换电路的工作原理。

(2) 掌握用逐次逼近法进行 A/D 转换的流程。

2. 内容

设计一个电路并画出软件流程以实现 A/D 转换,软件流程中要体现逐次逼近法思想。

综合训练题 18 键盘扫描程序设计

1. 目的

(1) 掌握用行扫描法设计键盘扫描程序的方法。

(2) 掌握并行端口的使用方法。

2. 内容

设计一个用行扫描法识别闭合键的扫描程序,设键盘上有 4×5 个键,并行口 A 接 4 根行线,并行口 B 接 5 根列线,两个端口的地址分别为 PORTA、PORTB。

综合训练题 19 重键识别程序的设计

1. 目的

(1) 掌握巡回法识别 3 种重键情况的思路。

(2) 掌握巡回法识别重键的程序设计技术。

2. 内容

巡回法是如何识别 3 种重键情况的? 分析主教材中图 11.10 的流程图,并编写一个识别 8 行×8 列的巡回法识别重键程序,端口地址用标号表示。

综合训练题 20 键盘中断处理程序的流程

1. 目的

掌握中断处理程序对键盘输入的处理过程。

2. 内容

结合主教材中 11.6 节所述,画出键盘输入中断处理程序的流程图。

综合训练题 21 查询方式打印机控制技术

1. 目的

掌握查询方式打印机的控制原理。

2. 内容

下面是一个查询方式下的打印机控制程序,AX 中为要打印的字符,退出时,AH 中为状态。画出程序流程,并说明选通信号的波形。

```
PRI         PROC      NEAR
            PUSH      DX
            PUSH      SI
            PUSH      BX
            MOV       BL,0FFH        ;BL 中为打印机等待时间常数
            MOV       DX,PORT        ;PORT 为打印机数据口地址
            PUSH      AX             ;保存打印字符
            OUT       DX,AL          ;AL 中的打印字符送打印机
            INC       DX             ;指向状态口
TEST1:      SUB       CX,CX          ;设循环初值
TESTATE:    IN        AL,DX          ;取状态
            MOV       AH,AL
            TEST      AL,80H         ;检测状态
            JNZ       AAA            ;打印机不忙,则转 AAA
            LOOP      TESTATE        ;打印机忙,则再测
            DEC       BL             ;等待时间常数减 1
            JNZ       TEST1          ;时间未到,则再检测
            OR        AH,1           ;如超时等待,则置出错标志
```

	JMP	BBB	;退出
AAA:	MOV	AL,0DH	;使 D_0 位为 1
	OUT	DX,AL	;输出选通信号
	MOV	AL,0CH	;使 D_0 位为 0,选通信号复位
	OUT	DX,AL	
BBB:	POP	DX	;恢复打印字符
	MOV	AL,DL	;AL 中为打印字符
	POP	BX	;恢复寄存器
	POP	DX	
	RET		;返回
PRI	ENDP		

综合训练题 22　打印机驱动程序

1. 目的

掌握打印机驱动程序的设计原理。

2. 内容

以下是微型机系统中打印机驱动程序的一部分,其中省去了从打印缓冲区取数据的部分。378H 为打印机数据口地址,37AH 为打印机控制口地址,20H 为 8259A 的偶地址端口。为下列程序段加上注释。

PRI	PROC	FAR	
	STI		
	PUSH	AX	
	PUSH	DX	
	PUSH	BX	
	⋮		;从打印缓冲区取数据送入 AL
	MOV	DX,378H	
	OUT	DX,AL	
	MOV	DX,37AH	
	MOV	AL,1DH	
	OUT	DX,AL	
	MOV	AL,1CH	
	OUT	DX,AL	
	⋮		;修改缓冲区指针,指向下一个单元
	MOV	AL,20H	
	OUT	20H,AL	
	POP	BX	
	POP	DX	
	POP	AX	
	RET		
PRI	ENDP		

综合训练题 23　激光打印机的工作原理

1. 目的

(1) 对激光打印机的工作原理做到融会贯通。

（2）提高对一个技术的概括能力。

2. 内容

按照主教材中的讲述,将流程图和物理部件结合起来说明激光打印机工作的 5 个步骤。要求画一张较大的图,左边为打印机主要结构,右边为主要流程,用多条虚线将前者相关部件和后者相关流程联系起来。

综合训练题 24　硬盘数据安全技术的总结

1. 目的

（1）对硬盘的数据安全技术进行总结。

（2）提高对一个技术的概括和汇总能力。

（3）培养一定的科研能力。

2. 内容

通过查阅资料叙述当前主要的硬盘数据安全技术(包括主教材中所述和其他资料所述),你认为还可以开发哪些相关技术? 叙述你所设计的安全技术的主要思想。

综合训练题 25　多层次总线结构

1. 目的

掌握多层次总线结构技术的应用。

2. 内容

结合你所在实验室的微型机用框图表示一个多层次总线结构的微型机系统。

综合训练题 26　建立屏幕窗口

1. 目的

掌握用系统调用建立屏幕窗口的方法。

2. 内容

创建并调试一个屏幕窗口的程序,窗口大小为 30×20,左上角坐标为(10,10)。

综合训练题 27　字符串的接收

1. 目的

掌握用系统调用接收键盘字符串的方法。

2. 内容

设计一个程序使其具有如下功能:先在屏幕上显示一个字符串,以提示操作员输入键盘命令,并显示输入命令,如操作员输入回车符,则程序返回控制台命令接收状态。

综合训练题 28　读/写文件

1. 目的

在阅读附录 E 的基础上,掌握用文件代号法读/写文件的方法。

2. 内容

用汇编语言设计一个用文件代号法读/写磁盘文件的程序。程序先显示提示信息"Enter Pathname1:",等待操作员输入要读取的文件的名字,再显示"Enter Pathname2:",

等待操作员输入将写入的文件的名字,然后,在磁盘上查找并读取第一个文件,再写入第二个文件,所以这个程序的功能相当于复制命令。

综合训练题 29　中断处理程序的设计与装配

1. 目的

(1) 掌握对确定的中断类型号设计和装配中断处理程序的技术。

(2) 进一步掌握对 8253/8254 的编程方法。

(3) 进一步掌握对 8259A 的编程方法。

2. 内容

下列程序段先在 1000H 单元设置一个初值为 8 的计数器,然后建立一个中断类型号为 08H 的新的中断处理程序。每执行一次新中断处理程序,计数初值减 1。如不为 0,则中断返回,再进行一些其他处理;如计数初值减为 0,则执行原来的 08H 中断对应的程序。已知 8259A 的偶地址端口为 80H,8253/8254 的控制口地址为 46H,计数器 1 的端口地址为 42H。2000H、2002H 为数据存储单元。阅读以下程序,并加上详细注释。

```
START:   MOV       AX,3508H
         INT       21H
         MOV       [1000H],08H
         MOV       [2000H],BX
         MOV       BX,ES
         MOV       [2002H],BX
         CLI
         MOV       AX,2508H
         MOV       DX,OFFSET NEWINT
         INT       21H
         MOV       AL,36H
         OUT       46H,AL
         MOV       AX,8000H
         OUT       42H,AL
         MOV       AL,AH
         OUT       42H,AL
         STI
         ⋮
         CLI
         MOV       AX,2508H
         MOV       DX,[2000H]
         MOV       BX,[2002H]
         MOV       DS,BX
         INT       21H
         MOV       AX,4C00H
         INT       21H
NEWINT:  PUSH      CS
         POP       DS
         ⋮
         MOV       AL,[1000H]
```

	DEC	AL
	JNE	EEET
	JMP	2002H：2000H
EEET：	MOV	AL，20H
	OUT	80H，AL
	IRET	

综合训练题 30　读取键盘输入和显示字符串

1. 目的

(1) 掌握用系统调用读取键盘输入的方法。

(2) 掌握用系统调用显示字符串的方法。

2. 内容

下面的程序先提示用户输入一个长度为 8 个字符的口令，然后读入口令，程序结束时，BX 中为口令的起始地址。读懂这一程序，然后在此程序基础上再设计一个程序段，以完成如下功能：如口令与规定相符，则显示"you are right!"，并返回；如不符，则显示"you are wrong!"，并继续读取口令。

START：	JMP	KKK	
PROMP	DB	'Please enter your password：$'	
PASSW0	DB	8 DUP（?）	
KKK：	LEA	DX，PROMP	
	CALL	LIST	;显示提示信息
	MOV	CX，8	;口令共 8 个字符
	LEA	BX，PASSW0	;口令首址为 PASSW0
NEXTKEY：	CALL	GETCHR	;读入 1 个键
	CMP	AL，0AH	;是否为回车符
	JE	EXIT	;如是，则转移
	MOV	[BX]，AL	;否，则将输入字符送口令区
	INC	BX	;指向下一位置
	LOOP	NEXTKEY	;取另一个键
EXIT：	LEA	BX，PASSW0	;BX 指向口令首址
	RET		
LIST：	PUSH	AX	
	MOV	AH，09H	;显示字符串功能调用
	INT	21H	
	POP	AX	
	RET		
GETCHR：	JMP	SAVEAH	
AHLOC	DB	?	
SAVEAH：	MOV	AHLOC，AH	;保护 AH
	MOV	AH，8	;读键输入的功能调用
	INT	21H	
	MOV	AH，AHLOC	
	RET		

综合训练题 31 读取键盘信息并作相应处理

1. 目的

进一步掌握用系统调用读取键盘输入的方法。

2. 内容

下列程序先显示信息"Do you want to continue? (Y/N)",然后读取用户的响应信息,如为 Y 或 y,则程序继续;如为其他任何键,则退出。读懂这一程序,然后对程序进行修改,使其在读取用户信息时,不显示此信息。

```
START:      JMP     ENTRY
PROMP       DB      'Do you want to continue? (Y/N) $ '
ENTRY:      LEA     DX,PROMP
            CALL    LIST            ;显示提示信息
            CALL    GETC            ;读取输入字符
            CMP     CL,'Y'          ;是 Y 吗
            JEC     ONTINUE         ;是,则继续
CONTI1:     CMP     AL,'y'          ;是 y 吗
            JE      CONTINUE        ;是,则继续
            RET                     ;如为其他键,则退出
CONTINUE:   :
LIST:       MOV     AH,09           ;显示字符串的功能调用
            INT     21H
            RET
GETC:       JMP     SAVEA
AHLOC       DB      ?
SAVEA:      MOV     AH,2            ;接收 1 个字符的功能调用
            INT     21H
            RET
```

综合训练题 32 计算机串行通信

1. 目的

掌握计算机串行通信的技术。

2. 内容

下面的程序利用系统调用将键盘输入字符送 RS-232-C 串行口,以这一程序为基础,可以实现计算机之间的串行通信。阅读下面程序后,思考如果要在两台计算机之间进行串行通信,作为发送方,应该有怎样的程序流程? 画出这一流程并完成程序设计。

```
START:      CALL    GETCH           ;读下一个输入字符
            CMP     AL,0DH          ;是回车符吗
            JE      DONE            ;如为回车符,则进行后续工作
            MOV     DL,AL           ;如不是回车符,则进行发送
            CALL    SENDCH          ;将 1 个字符发送到 RS-232-C
            JMP     START
DONE:       :                       ;后续处理
```

```
            RET
GETCH:      JMP       SAVEAH
AHLOC       DB        ?
SAVEAH:     MOV       AH,1        ;接收一个输入字符
            INT       21H
            RET
SENDCH:     MOV       AH,4        ;调用发送字符到串行口的功能
            INT       21H
            RET
```

综合训练题 33　总结 Pentium 系统的结构

1. 目的

掌握 Pentium 计算机系统的硬件和软件结构。

2. 内容

在完成主教材学习的基础上,要求用模块化图形结构画出 Pentium 系统的硬件和软件结构,并且用文字提出你对计算机发展的展望意见。

第3部分 模 拟 试 卷

模拟试卷 1

1. 16 位的 8086 系统刚复位时,系统的初始状态有什么特征?

2. 标志寄存器中包含_____标志和_____标志。前者由人为指令设置,后者由程序运行结果决定。

3. 从 2020H:3000H 开始的单元存放一个 4 字 1020 3040 A0B0 C0D0H,从低地址到高地址的 8 个单元依次为_____、_____、_____、_____、_____、_____、_____、_____,最高地址单元的地址为_____。

4. 在许多接口芯片中,常常可用一个地址对应两个端口,这是利用_____。

5. 8253/8254 用_____个端口地址;8251A 用_____个端口地址;8255A 用_____个端口地址;而 8259A 用_____个端口地址。

6. 设 ICW_2 为 37H,16 位系统中,有一个外设的中断请求端连接 8259A 的 IR_3,中断处理程序放在 78F0H:5431H 处。问:此外设对应的中断类型号是多少? 中断向量为多少? 中断向量存放在什么地方?

7. 中断处理子程序和一般子程序有哪些不同之处?

8. RET n 指令中对 n 有什么要求? 这条指令用在何处?

9. 8259A 的全嵌套和特殊全嵌套方式有什么差别? 特殊全嵌套用在何处?

10. 设原堆栈指针指向系统堆栈,在用户堆栈(0200:0800)栈顶的第一个单元存放了一个数,下面的子程序完成这样的功能:将栈顶的数取出,转换为一个表格中的代码(表格首址为 DS:0000),再输出到 0200H 端口,并返回。改正下面程序中的错误。

```
DAI:   PUSH    DX
       PUSH    AX
       MOV     SP,0800
       MOV     SI,0A00
       MOV     SS,0200
       POP     AX
       XLAT
       OUT     0200,AL
       POP     AX
       POP     DX
       RET
```

11. 设有两片 8255A,其中:

8255A-1 的地址为 A 口:10H;B 口:12H;C 口:14H;控制口:16H。

8255A-2 的地址为 A 口:20H;B 口:22H;C 口:24H;控制口:26H。

有一片 8259A,它的两个端口地址为 90H 和 92H。

有一片 8251A,它连接 CRT,已被初始化,数据口:54H;控制口:56H。

现将 8255A-2 的 B 口和 8255A-1 的 A 口相连,用 8255A-2 的 B 口作为 8 位数据输出口,工作于方式 0,C 口也工作于方式 0;当 B 口进行数据输出时,用 PC1 作为选通信号。8255A-1 的 A 口作为 8 位数据输入口,工作于方式 1,中断请求信号和 8259A 的 IR2 相连。要求 8259A 的 ICW$_2$ 为 20H,用边沿触发,全嵌套方式并采用中断自动结束方式。

下面的程序由 CPU 往 8255A-2 的 B 口输出数据 0～9,再从 8255A-1 的 A 口输入,然后往 CRT 输出。填写下列程序中和程序后面的空项。

AAA:	MOV	AL,___	;8259A 初始化
	OUT	___,AL	
	MOV	AL,___	
	OUT	___,AL	
	MOV	AL,___	
	OUT	___,AL	
	IN	AL,___	;读中断屏蔽字
	AND	AL,___	;设置新的屏蔽字
	OUT	___,AL	
	MOV	AL,___	;8255A-1 初始化
	OUT	___,AL	
	MOV	AL,___	;8255A-2 初始化
	OUT	___,AL	
	MOV	AH,00	;送数字 0
	STI		
KK:	MOV	AL,___	;用按位置 1 方式使选通无效
	OUT	___,AL	
	MOV	AL,AH	;8255A-2 的 B 口输出数据
	OUT	___,AL	
	MOV	AL,___	
	OUT	___,AL	
	INC	AH	
	CMP	AH,0AH	;是否超过 9
	JNZ	KK	
	MOV	AH,0	
	JMP	KK	
T:	IN	AL,___	;测试 CRT
	TEST	AL,01	
	JZ	T	
	IN	AL,___	;读入数据
	AND	AL,0FH	
	ADD	AL,___	;变成 ASCII 码
	OUT	___,AL	;往 CRT 输出

附 1. 8255A 的方式选择控制字。

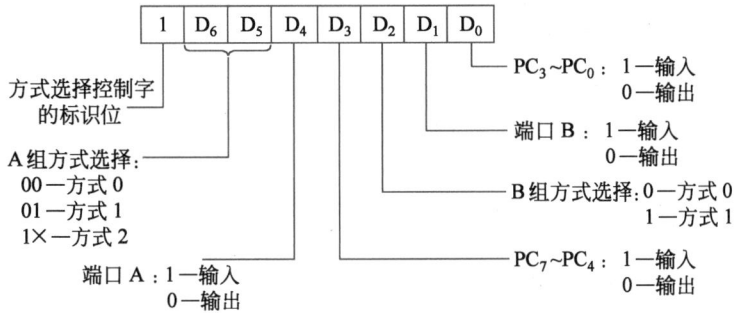

| 1 | D_6 | D_5 | D_4 | D_3 | D_2 | D_1 | D_0 |

方式选择控制字的标识位

A组方式选择：
00—方式 0
01—方式 1
1×—方式 2

端口 A：1—输入
0—输出

$PC_3 \sim PC_0$：1—输入
0—输出

端口 B：1—输入
0—输出

B组方式选择：0—方式 0
1—方式 1

$PC_7 \sim PC_4$：1—输入
0—输出

附 2. 8259A 的命令字：

	D_7	D_6	D_5	D_4	D_3	D_2	D_1	D_0
ICW_1				1	LTIM	ADI	SNGL	IC_4
	D_7	D_6	D_5	D_4	D_3	D_2	D_1	D_0
ICW_3(主片)	IR_7	IR_6	IR_5	IR_4	IR_3	IR_2	IR_1	IR_0
	D_7	D_6	D_5	D_4	D_3	D_2	D_1	D_0
ICW_3(从片)	0	0	0	0	0	ID_2	ID_1	ID_0
	D_7	D_6	D_5	D_4	D_3	D_2	D_1	D_0
ICW_4	0	0	0	SFNM	BUF	M/$\overline{S}$	AEOI	μPM
	D_7	D_6	D_5	D_4	D_3	D_2	D_1	D_0
OCW_2	R	SL	EOI	0	0	L_2	L_1	L_0
	D_7	D_6	D_5	D_4	D_3	D_2	D_1	D_0
OCW_3	0	ESMM	SMM	0	1	P	RR	RIS

12. Pentium 是如何实现片内两级存储管理的？

13. Cache 有哪几种组织方式？各有什么特点和优缺点？

14. Pentium 有哪些主要技术特点？至少说出 4 点。

模拟试卷 1 的答案

1. 答：8086 复位时，系统的初始状态有以下特征。

（1）标志寄存器值为 0000H，其结果禁止中断与单步方式。

（2）DS、SS、ES、IP 寄存器值为 0000H。

（3）CS 寄存器值为 FFFFH。

由此，CPU 将从 F FFF0H 处开始执行程序。

2. 标志寄存器中包含控制标志和状态标志。前者由人为指令设置，后者由程序运行结果决定。

3. 从 2020H:3000H 开始的单元存放一个 4 字 1020 3040 A0B0 C0D0H，从低地址到高地址的 8 个单元依次为 D0H、C0H、B0H、A0H、40H、30H、20H、10H，最高地址单元的地址为 2020H:3007H。

4. 在许多接口芯片中，常常可用一个地址对应两个端口，这是利用两个端口的数据传输方向不同,一个为输入,另一个为输出。

5. 8253/8254 用 __4__ 个端口地址;8251A 用 __2__ 个端口地址;8255A 用 __4__ 个端口地址;而 8259A 用 __2__ 个端口地址。

6. 答:中断类型号为 33H,中断向量为 78F0H:5431H,放在 0 段 00D2H~00D5H,其中,(D2H)=31H,(D3H)=54H,(D4H)=F0H,(D5H)=78H。

7. 答:一般子程序最后一条指令为 RET,而中断处理子程序最后一条指令为 IRET;一般子程序通过 CALL 指令调用,而中断处理子程序通过外部中断引起对应的调用,也可以用 INT 指令调用;一般子程序调用时只保护下一条指令的地址,而中断处理子程序调用时,除了保护下一条指令的地址外,还保护标志寄存器的内容。

8. 答:要求 n 为 0~FFFFH 范围中的一个偶数。此指令用于段内调用子程序的最后。当主程序为子程序提供一定的参数或参数地址时,子程序运行中用了这些参数或参数地址,子程序返回时,这些参数或参数地址已经没有在堆栈中保留的必要,因而在返回指令后面加上参数 n,使堆栈指针自动移几字节,从而腾出那些已经无用的参数或参数地址占用的单元。

9. 答:两者只有一点差别,在特殊全嵌套方式下,当处理某一级中断时,如果有同级中断请求,那么也会给予响应,从而实现对同级中断的特殊嵌套。而全嵌套方式只能响应更高级的中断请求,当同级中断请求来到时,不会给予响应。特殊全嵌套方式用在级联状态下的主片。

10. 答:正确的程序如下。

DAI:	PUSH	DX	
	PUSH	AX	
	MOV	BP,SP	;保存系统堆栈指针
	MOV	DI,SS	
	MOV	AX,0200H	;设用户堆栈指针
	MOV	SS,AX	
	LEA	SP,[0800H]	
	MOV	BX,0A00H	;表格变换
	POP	AX	
	XLAT		
	MOV	DX,0200H	;输出到 0200H 端口
	OUT	DX,AL	
	MOV	SP,BP	;恢复系统堆栈指针
	MOV	SS,DI	
	POP	AX	;恢复 AX 和 DX 寄存器
	POP	DX	
	RET		

11. 答:填写空项以后的程序如下。

AAA:	MOV	AL,13H	;8259A 初始化
	OUT	90H,AL	
	MOV	AL,20H	
	OUT	92H,AL	
	MOV	AL,0FH	

	OUT	92H,AL	
	IN	AL,92H	;读中断屏蔽字
	AND	AL,0FBH	;设置新的屏蔽字
	OUT	92H,AL	
	MOV	AL,0B0H	;8255A-1 初始化
	OUT	16,AL	
	MOV	AL,80H	;8255A-2 初始化
	OUT	26H,AL	
	MOV	AH,00	;送数字 0
	STI		
KK:	MOV	AL,03	;用按位置1方式使选通无效
	OUT	26H,AL	
	MOV	AL,AH	;8255A-2 的 B 口输出数据
	OUT	22H,AL	
	MOV	AL,02	
	OUT	26H,AL	
	INC	AH	
	CMP	AH,0AH	;是否超过 9
	JNZ	KK	
	MOV	AH,0	
	JMP	KK	
T:	IN	AL,56H	;测试 CRT
	TEST	AL,01	
	JZ	T	
	IN	AL,10H	;读入数据
	AND	AL,0FH	
	ADD	AL,30H	;变成 ASCII 码
	OUT	54H,AL	;往 CRT 输出

12. 答：Pentium 是按如下方式实现片内两级存储管理的。

(1) 使用 8 字节的段描述符进行段管理,描述符分 3 类放于 3 个表中,即全局描述符表(GDT)、局部描述符表(LDT)、中断描述符表(IDT)。

(2) 用 3 个寄存器 GDTR、LDTR、IDTR 分别指出 GDT、LDT、IDT。

(3) 系统运行时,48 位的逻辑地址中包含 16 位的段选择子和 32 位的偏移量,通过段选择子选择 GDT 或当前 LDT 中的某个段描述符,即某个 8 字节的段描述符。段描述符提供一个 32 位的段基址,由段基址和 32 位的偏移量得到 32 位的线性地址。

(4) 分页部件用页组目录项表和页表将线性地址转换为物理地址,页组目录项表每项对应一个页表,页表每项对应一个 4KB 物理存储页面。

(5) 运行时,由 CR_3 指向页组目录项表基址,并据 32 位线性地址的最高 10 位,从 4KB 共 1024 项的页组目录项表中,选中一个目录项,由此项获得页表基址;再用线性地址的次 10 位从 4KB 共 1024 项的页表中,选取一个页表项,页表项提供页基址;又用线性地址的最低 12 位作为页面内的偏移量,从页基址和页内偏移量得到存储单元的物理地址。

13. 答：Cache 有 3 种组织方式,其特点和优缺点如下。

（1）全相联方式。主存的一个区块可以映射到 Cache 任何地方。优点是灵活；缺点是速度慢，因为访存时，Cache 控制器须将数据块地址和 Cache 中每个区块地址比较。

（2）直接映射方式。主存的某个区块只可能映射到 Cache 的一个唯一位置。优点是速度很快；缺点是在 CPU 频繁交替访问几个区块索引相同而标记不同的单元时，将出现速度减慢现象，但这种现象很少发生。

（3）组相连方式。将 Cache 分为几路，每路含相同的组，每组含几个区块，主存的每个区块对应 Cache 某个组，但可以映射到几路中相同编号组中的某一个区块。优点是命中率比直接映射方式高；缺点是访存时要作两次地址比较，Cache 控制器较复杂。

14．答：Pentium 主要技术特点如下。

（1）采用超标量双流水线结构。

（2）内部用相互独立的代码 Cache 和数据 Cache。

（3）内部数据总线 32 位，但 CPU 和内存进行数据交换的外部数据总线为 64 位。

（4）32 位地址总线。

（5）存储页面大小可任选，最高可达 4MB。

（6）常用指令功能不用微程序而用硬件实现。

（7）采用分支预测技术，使流水线效能提高。

（8）浮点运算采用 8 个流水步级，且浮点运算常用指令和硬件实现，所以速度很快。

模拟试卷 2

1．CPU 由 _____、_____、_____ 和 _____ 组成，主机由 _____、_____、_____ 和 _____ 组成。

2．Pentium 有 3 种工作方式：_____、_____ 和 _____。最常用的是 _____。

3．Cache 技术主要解决 _____ 的问题。

4．8259A 的操作命令字 _____ 是用来屏蔽中断源的，现在要屏蔽 IR_0 和 IR_7，则 _____ 应为 _____。

5．当 $\overline{RD}=0$，$\overline{CS}=0$ 且 8251A 的 $C/\overline{D}=0$ 时，进行的操作是 _____。

6．CPU 的输入/输出方式中，_____ 方式速度最快，_____ 方式效率最高。

7．CPU 如有 20 位地址线，则寻址范围为 _____；如有 32 位地址线，则寻址范围为 _____；如要有 64GB 的寻址范围，则 CPU 应有 _____ 条地址线。

8．8259A 的 IMR 寄存器和 CPU 的 IF 有什么区别？

9．编写 8259A 的初始化程序段。设 8259A 的地址为 00E0H 和 00E2H。要求：全嵌套方式，电平触发，非缓冲方式，中断自动结束方式，中断类型号为 90H～97H。

10．给下面的程序段加注释，82H 为 8259A 的奇地址，20H、22H、24H 和 26H 分别为 8254 的端口地址。

```
DAI:    CLI
        MOV     AL,0FFH
        OUT     82H,AL
```

```
        MOV     AL,30H
        OUT     26H,AL
        MOV     AL,60H
        OUT     20H,AL
        MOV     AL,50H
        OUT     20H,AL
        MOV     AL,78H
        OUT     26H,AL
        MOV     AL,50H
        OUT     24H,AL
        MOV     AL,10H
        OUT     24H,AL
        MOV     AL,96H
        OUT     26H,AL
        MOV     AL,70H
        OUT     22H,AL
```

11. 给下面这个系统对 2 片 8259A 作初始化的程序段加注释,主片地址为 50H 和 52H,从片地址为 60H 和 62H。

```
KKK:    CLI
        MOV     AL,1DH
        OUT     40H,AL
        MOV     AL,80H
        OUT     52H,AL
        MOV     AL,08H
        OUT     52H,AL
        MOV     AL,1FH
        OUT     52H,AL
        CLI
        MOV     AL,19H
        OUT     60H,AL
        MOV     AL,90H
        OUT     62H,AL
        MOV     AL,03H
        OUT     62H,AL
        MOV     AL,0BH
        OUT     62H,AL
```

12. 下面是运行于 8086 系统中的一个程序段,分析它实现的功能。

```
LLL:    PUSH    DS
        MOV     AX,5000H
        MOV     DS,AX
        MOV     DX,2530H
        MOV     AX,2531H
        INT     21H
```

附 1. 8255A 的方式选择控制字:

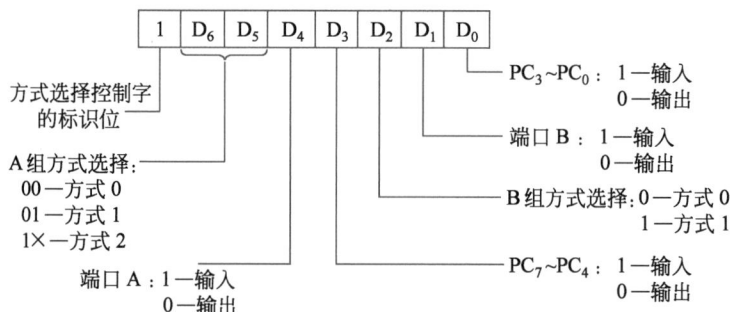

附 2. 8259A 的命令字:

	D_7	D_6	D_5	D_4	D_3	D_2	D_1	D_0
ICW_1				1	LTIM	ADI	SNGL	IC_4

	D_7	D_6	D_5	D_4	D_3	D_2	D_1	D_0
ICW_3(主片)	IR_7	IR_6	IR_5	IR_4	IR_3	IR_2	IR_1	IR_0

	D_7	D_6	D_5	D_4	D_3	D_2	D_1	D_0
ICW_3(从片)	0	0	0	0	0	ID_2	ID_1	ID_0

	D_7	D_6	D_5	D_4	D_3	D_2	D_1	D_0
ICW_4	0	0	0	SFNM	BUF	M/$\overline{S}$	AEOI	μPM

	D_7	D_6	D_5	D_4	D_3	D_2	D_1	D_0
OCW_2	R	SL	EOI	0	0	L_2	L_1	L_0

	D_7	D_6	D_5	D_4	D_3	D_2	D_1	D_0
OCW_3	0	ESMM	SMM	0	1	P	RR	RIS

模拟试卷 2 的答案

1. CPU 由算术逻辑部件、累加器、寄存器组和控制器组成,主机由 CPU、存储器、I/O 接口和总线组成。

2. Pentium 有 3 种工作方式:实地址方式、保护方式和虚拟 8086 方式。最常用的是保护方式。

3. Cache 技术主要解决内存速度慢从而不能和 CPU 匹配的问题。

4. 8259A 的操作命令字 OCW_1 是用来屏蔽中断源的,现在要屏蔽 IR_0 和 IR_7,则 OCW_1 应为 81H。

5. 当 $\overline{RD}=0$,$\overline{CS}=0$ 且 8251A 的 C/$\overline{D}=0$ 时,进行的操作是 CPU 读取 8251A 的数据。

6. CPU 的输入/输出方式中,DMA 方式速度最快,中断方式效率最高。

7. CPU 如有 20 位地址线,则寻址范围为 2^{20} B 即 1MB;如有 32 位地址线,则寻址范围为 2^{32} B 即 4GB;如要有 64GB 的寻址范围,则 CPU 应有 36 条地址线。

8. 答:8259A 的 IMR 寄存器和 CPU 的 IF 的区别如下。IF 是标志寄存器中的一个控制标志位,只有 1 位,如果 IF 为 0,则 CPU 不能响应任何可屏蔽中断。8259A 的 IMR

为 8 位,对应 OCW1,用来管理 8259A 的 8 个中断请求端,如果 IMR 的某位为 1,则对应的 IRQ 被禁止,但其他可屏蔽中断仍可通过 8259A 到达 CPU 的 INTR 端而得到响应。

9. 答:8259A 的初始化程序段如下。

```
AAA:    CLI
        MOV    AL,1BH
        MOV    DX,0E0H
        OUT    DX,AL            ;设置 ICW₁
        MOV    AL,90H
        MOV    DX,0A2H
        OUT    DX,AL            ;设置 ICW₂
        MOV    AL,07H
        OUT    DX,AL            ;设置 ICW₄
```

10. 答:程序段加注释如下。

```
DAI:    CLI
        MOV    AL,0FFH
        OUT    82H,AL           ;使 8259A 所有的中断引脚上的中断得到屏蔽
        MOV    AL,30H
        OUT    26H,AL           ;对 8254 计数器 0 设置方式 0,二进制,先低位,再高位
        MOV    AL,60H
        OUT    20H,AL
        MOV    AL,50H
        OUT    20H,AL           ;计数值为 5060H
        MOV    AL,78H
        OUT    26H,AL           ;对 8254 计数器 1 设置方式 4,二进制,先低位,再高位
        MOV    AL,50H
        OUT    24H,AL
        MOV    AL,10H
        OUT    24H,AL           ;计数值为 1050H
        MOV    AL,96H
        OUT    26H,AL           ;对 8254 通道 2 设置方式 3,二进制,只写低位
        MOV    AL,70H
        OUT    22H,AL           ;计数值为 70H
```

11. 答:程序段加注释如下。

```
KKK:    CLI                    ;对主片初始化
        MOV    AL,1DH           ;主片 ICW₁,级联,电平触发
        OUT    40H,AL
        MOV    AL,80H           ;主片 ICW₂,中断类型号为 50H~57H
        OUT    52H,AL
        MOV    AL,08H           ;主片 ICW₃,有从片,主片 IR₃ 接从片
        OUT    52H,AL
        MOV    AL,1FH           ;主片 ICW₄,特殊全嵌套,缓冲方式,中断自动结束方式
```

OUT	52H,AL	
CLI		;从片初始化
MOV	AL,19H	
OUT	60H,AL	;从片 ICW_1,级联,边沿触发
MOV	AL,90H	
OUT	62H,AL	;从片 ICW_2,中断类型号为 90H～97H
MOV	AL,03H	
OUT	62H,AL	;从片 ICW_3,从片在主片的 IR_3
MOV	AL,0BH	
OUT	62H,AL	;全嵌套,缓冲方式,自动结束

12.答:本题答案有以下 4 个要点。

(1) 这是安装中断处理程序的程序段。

(2) 设置中断类型号为 21H。

(3) 对应的中断向量为 5000H:2530H。

(4) 中断向量送到 C4H～C7H 这 4 个单元,即(C4H)=30H,(C5H)=25H,
(C6H)=00H,(C7H)=50H。

附录 A　汇编语言程序的建立、调试和执行

要建立和运行汇编语言程序,需要用到如下软件:

MASM.EXE　（或 NASM.EXE）　　　　　　汇编程序
LINK.EXE　　　　　　　　　　　　　链接程序

1. 建立汇编语言源程序（ASM 文件）

汇编语言源程序就是用汇编语言的语句编写的程序,它不能被机器识别。源程序必须以 ASM 为附加文件名。

例如,新建文本文件,命名为 ABC.ASM,此时用户可以通过编辑程序编写用户程序 ABC.ASM。

2. 用 MASM（或者 NASM）命令产生目标文件（OBJ 文件）

源程序建立以后,就可以用汇编程序 MASM.EXE(或者 NASM.EXE)进行汇编。汇编就是把以 ASM 为附加名的源文件转换成用二进制代码表示的目标文件,目标文件以 OBJ 为附加名。汇编过程中,汇编程序对源文件进行二次扫描,如果源程序中有语法错误,则汇编过程结束后,汇编程序会指出源程序中的错误,这时,用户可以再用编辑程序来修改源程序中的错误,最后,得到没有语法错误的 OBJ 文件。

例如,对 ABC.ASM 的汇编过程如下:

```
A>MASM ABC.ASM↙
```

此时,汇编程序给出如下回答:

```
Microsoft (R) Macro Assembler Version 6.00
Copyright(C) Microsoft Corp 1999. ALL rights reserved.

Object filename [ABC.OBJ]↙
Source listing [NUL.LST]: ABC↙

Cross reference [NUL.CRF]: ABC↙
```

如果被汇编的程序没有语法错误,则屏幕上给出如下信息:

```
Warning   Errors   0
Syntax    Errors   0
```

从上面的操作过程中可以见到,汇编程序的输入文件就是用户编写的汇编语言源程序,它必须以 ASM 为文件扩展名。汇编程序的输出文件有 3 个:第一个是目标文件,它以 OBJ 为扩展名,产生 OBJ 文件是进行汇编操作的主要目的,所以这个文件是一定要产生,也一定会产生的,操作时,这一步只要输入回车即可;第二个是列表文件,它以 LST 为扩展名,列表文件同时给出源程序和机器语言程序,从而可使调试变得方便,列表文件是可有可无的,如果不需要,则在屏幕上出现提示信息"[NUL.LST]:"时输入回车即

可,如果需要,则输入文件名和回车;第三个是交叉符号表,此表给出了用户定义的所有符号,对每个符号都列出了将其定义的所在行号和引用的行号,并在定义行号上加上♯,同列表文件一样,交叉符号表也是为了便于调试而设置的,对于一些规模较大的程序,交叉符号表为调试工作带来很大方便。当然,交叉符号表也是可有可无的,如果不需要,那么在屏幕上出现提示信息"[NUL.CRF]:"时,输入回车即可。

汇编过程结束时,会给出源程序中的警告性错误[Warning Errors]和严重错误[Syntax Errors],前者指一般性错误。后者指语法性错误。当存在这两类错误时,屏幕上除指出错误个数外,还给出错误信息代号,程序员可以通过查找手册弄清错误的性质。

如果汇编过程中发现错误,则程序员应该重新用编辑命令修改错误,再进行汇编,最终直到汇编正确通过。要指出的是,汇编过程只能指出源程序中的语法错误,并不能指出算法错误和其他错误。

3. 用 LINK 命令产生执行文件(EXE 文件)

汇编过程根据源程序产生二进制的目标文件(OBJ 文件),但 OBJ 文件用的是浮动地址,它不能直接上机执行,所以还必须使用链接程序(LINK)将 OBJ 文件转换成可执行的 EXE 文件。LINK 命令还可以将某一个目标文件和其他多个模块(这些模块可以是由用户编写的,也可以是某个程序库中存在的)链接起来。

具体操作如下(以对 ABC.OBJ 进行链接为例):

```
A>LINK ABC ✓
```

此时,在屏幕上见到如下回答信息:

```
Microsoft(R) Overlay Linker Version 5.5
Copyright(C) Microsoft 1999. ALL rights reserved.

Run File [ABC.EXE]: ✓
List File [NUL.MAP]: ✓
Libraries [.LIB] ✓
```

LINK 命令有一个输入文件:即 OBJ 文件,有时,用户程序用到库函数,此时,对于提示信息 Libraries [.LIB],要输入库名。

LINK 过程产生两个输出文件:一个是扩展名为 EXE 的执行文件,产生此文件当然是 LINK 过程的主要目的;另一个是扩展名为 MAP 的列表分配文件,有人也称它为映射文件,它给出每个段在内存中的分配情况。如某一个列表分配文件为如下内容:

Warning:	No	Stack	Segment
Start	Stop	Length	NameClass
0000H	0015H	0016H	CODE
0020H	0045H	0026H	DATA
0050H	0061H	0012H	EXTRA
Origin	Group		
Program entry point at 0000:0000			

MAP 文件也是可有可无的。

从 LINK 过程的提示信息中,可看到最后给出了一个"无堆栈段"的警告性错误,这并不影响程序的执行。当然,如果源程序中设置了堆栈段,则无此提示信息。

4. 程序的执行

有了 EXE 文件后,就可以执行程序了,此时,只要输入文件名即可。仍以 ABC 为例:

```
A>ABC
A>
```

实际上,大部分程序必须经过调试阶段才能纠正程序设计中的错误,从而得到正确的结果。所谓调试阶段,就是用调试程序(DEBUG 程序)发现错误,再经过编辑、汇编、链接纠正错误。关于 DEBUG 程序中的各种命令,可参阅 DOS 手册,下面给出最常用的几个命令。

先进入 DEBUG 程序并装入要调试的程序 ABC.EXE,操作命令如下:

```
A>DEBUG ABC.EXE ✓          ;进入 DEBUG,并装配 ABC.EXE
—
```

此时,屏幕上出现一个短划线。为了查看程序运行情况,常常要分段运行程序,为此,要设立"断点",即让程序运行到某处自动停下,并显示所有寄存器的内容。为了确定我们所要设定的断点地址,常常用到反汇编命令,反汇编命令格式如下:

```
—U ✓                       ;从当前地址开始反汇编
```

也可以从某个地址处开始反汇编,如下所示:

```
—U200 ✓                    ;从 CS:200 处开始反汇编
```

程序员心中确定了断点地址后,就可以用 G 命令来设置断点。例如,想把断点设置在 0120H 处,则输入如下命令:

```
—G120 ✓
```

此时,程序在 0120H 处停下,并显示所有寄存器以及各标志位的当前值,在最后一行还给出下一条将要执行的指令的地址、机器语言和汇编语言,程序员可以从显示的寄存器的内容来了解程序运行是否正确。

对于某些程序段,单从寄存器的内容看不到程序运行的结果,而需要观察数据段的内容,此时可用 d 命令,格式如下:

```
—d DS:0000 ✓      ;从数据段的 0 单元开始显示 128 字节
```

在有些情况下,为了确定错误到底是由哪条指令的执行所引起的,要用跟踪命令。跟踪命令也称单步执行命令,此命令使程序每执行一条指令,便给出所有寄存器的内容。

例如：

—T3 ↙	;从当前地址往下执行 3 条指令

此命令使得从当前地址往下执行 3 条指令，每执行一条，便给出各寄存器内容。最后，给出下一条要执行的指令的地址、机器语言和汇编语言。

从 DEBUG 退出时，使用如下命令：

—Q ↙

每个有经验的程序员都必定熟练掌握调试程序的各主要命令。为此，初学者要花一些时间查阅、掌握 DOS 手册中有关 DEBUG 程序的说明。

附录 B ASCII 码表

十六进制代码	ASCII 字符	十六进制代码	ASCII 字符
00	NUL	29	)
01	SOH	2A	*
02	STX	2B	+
03	ETX	2C	,
04	EOT	2D	—
05	ENG	2E	.
06	ACK	2F	/
07	BEL	30	0
08	BS	31	1
09	HT	32	2
0A	LF/NL	33	3
0B	VT	34	4
0C	FF	35	5
0D	CR	36	6
0E	SO	37	7
0F	SI	38	8
10	DLE	39	9
11	DC1	3A	:
12	DC2	3B	;
13	DC3	3C	<
14	DC4	3D	=
15	NAK	3E	>
16	SYN	3F	?
17	ETB	40	@
18	CAN	41	A
19	EM	42	B
1A	SUB	43	C
1B	ESC	44	D
1C	FS	45	E
1D	GS	46	F
1E	RS	47	G
1F	US	48	H
20	SP	49	I
21	!	4A	J
22	"	4B	K
23	#	4C	L
24	$	4D	M
25	%	4E	N
26	&	4F	O
27	,	50	P
28	(	51	Q

十六进制代码	ASCII 字符	十六进制代码	ASCII 字符
52	R	69	i
53	S	6A	j
54	T	6B	k
55	U	6C	l
56	V	6D	m
57	W	6E	n
58	X	6F	o
59	Y	70	p
5A	Z	71	q
5B	[	72	r
5C	\	73	s
5D	]	74	t
5E	ˆ	75	u
5F	—	76	v
60	、	77	w
61	a	78	x
62	b	79	y
63	c	7A	z
64	d	7B	{
65	e	7C	:
66	f	7D	}
67	g	7E	～
68	h	7F	DEL

附录 C 主要硬件芯片的引脚号和信号名称

1. 芯片标注标准

当芯片弧口在上方时,按逆时针方向从左上角开始数 1,2,3,…

2. 引脚图

实验中几个主要芯片的引脚图如图 C.1 所示。

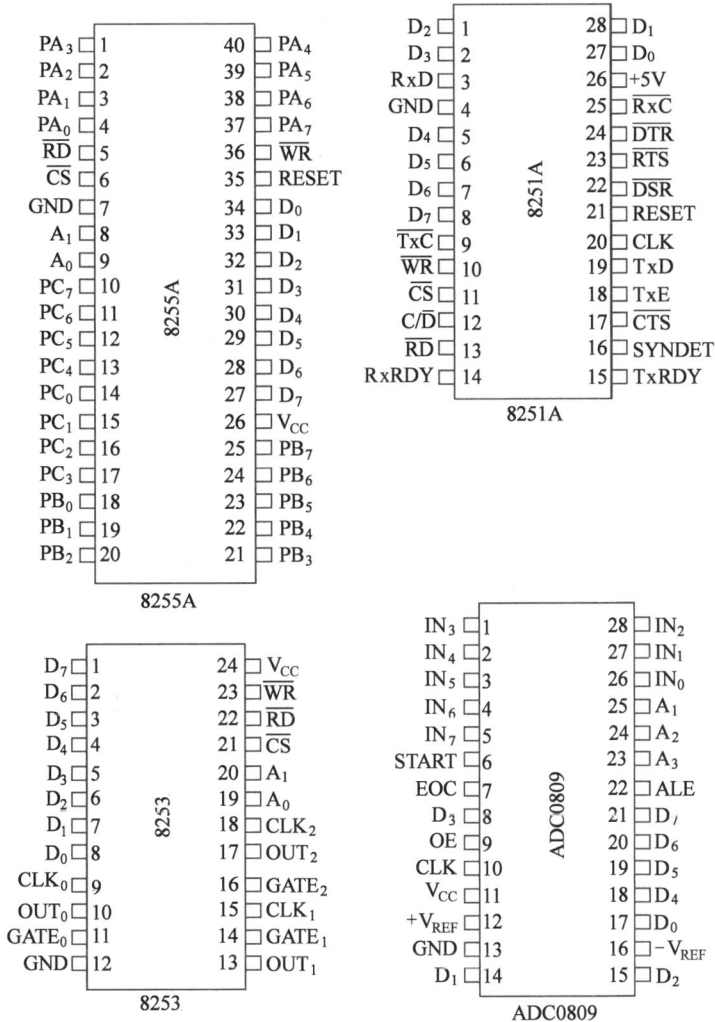

图 C.1 几个主要芯片的引脚图

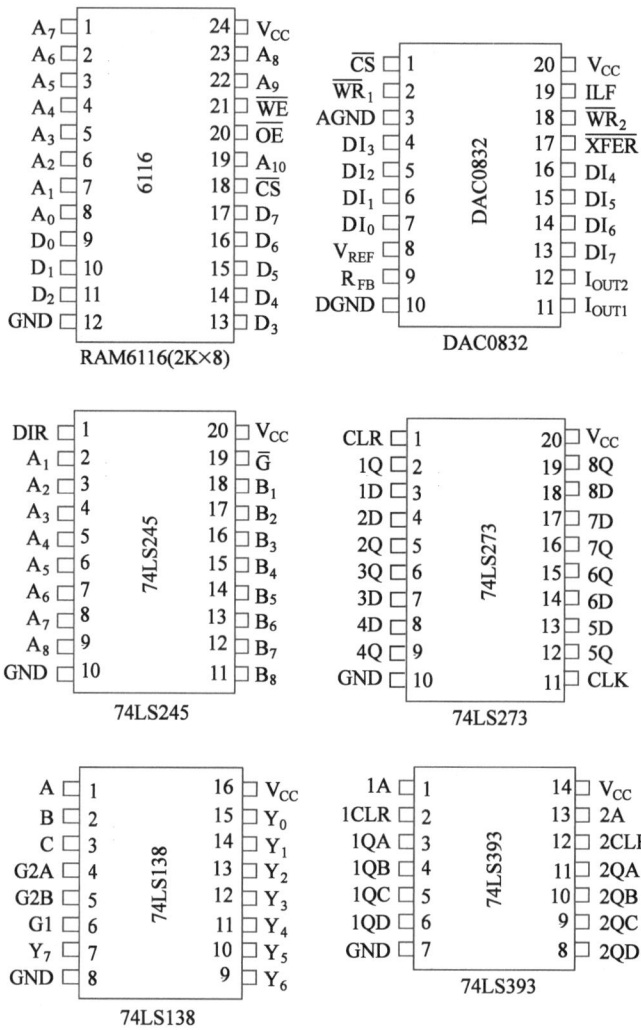

RAM6116(2K×8)

DAC0832

74LS245

74LS273

74LS138

74LS393

图 C.1 （续）

附录 D　微型机操作系统 MS-DOS 及其调用

操作系统是用来管理计算机硬件资源和软件资源（即操作计算机）运行的。硬件资源指主机、磁盘、显示器、键盘、打印机等设备和部件，软件资源指系统软件、大量的应用程序以及设备驱动程序。没有操作系统，计算机就什么也做不成。

衡量一个操作系统功能时，人们常要看它能管理的用户数和作业数。从用户数来说，有单用户的，也有多用户的；从作业数来说，有单作业的，也有多作业的。

各种操作系统在内部结构和技术特点上千差万别。但是，从与外界的联系上，每个操作系统都要实现 3 个层次上的界面功能。

一个是用户界面，即为用户提供操作计算机的方法；另一个是应用程序的界面，也称程序员界面，这个界面体现在，一方面操作系统是应用程序运行的基础，另一方面程序员开发应用程序时，可以很方便地调用操作系统的功能；还有一个是设备驱动程序的界面，操作系统一方面要为最基本的硬件设备（如磁盘、显示器、打印机等）配置驱动和管理程序，其中，对磁盘的管理程序最复杂，以至于操作系统也常称为磁盘操作系统，另一方面，当添加设备或更新设备时，操作系统还提供界面使这种添加和更新过程简单易行，使新设备的驱动程序能很好地容纳到操作系统中。通常，也将后两个界面称为接口，即程序员接口和输入/输出设备驱动程序接口。

MS-DOS 是 Microsoft 公司开发的单用户单作业的操作系统，这曾经是 16 位微型机中用得最普遍的操作系统，即使在 Windows 几乎一统微型计算机世界的现在，MS-DOS以其精巧、清晰的层次化结构和非常稳定的性能，仍然作为一个子系统而保留其中。特别是 MS-DOS 提供了大量的系统调用，给程序员带来很大的方便。

1. MS-DOS 的层次化模块结构

MS-DOS 采用层次化模块结构，它有 3 个主要模块。

第一个是基本输入/输出模块。其功能是实现对输入/输出设备的管理。

第二个是磁盘管理模块。其主要功能是实现磁盘文件的管理，在实现这个功能过程中，当涉及输入/输出动作时，要调用基本输入/输出模块。

第三个是命令处理模块。此模块的功能是接收、识别和处理键盘命令。

MS-DOS 中 3 个主要模块之间的关系如图 D.1 所示。它们之间可进行单向调用，即命令处理模块可调用下面两个模块，磁盘管理模块可调用基本输入/输出模块，但反过来不行。

用户可以通过两个途径和操作系统打交道。

当用户从键盘输入磁盘命令时，操作系统通过命令处理模块对命令进行接收、识别和处理。在命令处理过程中，又要调用下面两个

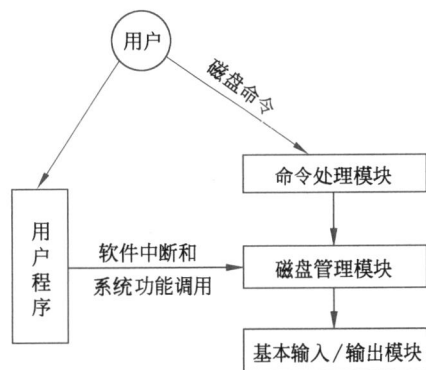

图 D.1　MS-DOS 中 3 个主要模块之间的关系

模块。

用户也可以通过用户程序的执行与操作系统打交道。因为操作系统中有许多功能模块，MS-DOS的设计者为这些功能模块的调用提供了简明方便的手段，这就是软件中断和系统功能调用。

下面简略说明 MS-DOS 各模块的功能。

1）基本输入/输出模块

基本输入/输出模块中的 ROM BIOS 包括系统测试程序、一部分内部中断处理程序、I/O 驱动程序及相应的中断向量装配程序，还有初始化引导程序。

系统测试程序对系统进行比较全面的测试，主要包括对 CPU、定时器、DMA 控制器、中断控制器、内存中的 RAM 和 ROM、键盘、磁盘驱动器、异步通信口、打印机配置等十几项测试。

ROM BIOS 中还包括类型号为 0、1、3、4 的中断所对应的中断处理子程序和 I/O 驱动程序，而且也包括了对这些中断向量的装配程序。此外，装配程序中还有装配初始引导程序和 ROM BASIC 解释程序对应中断（类型号为 19H 和 18H）的程序段，这样，执行指令 INT 19H 或 INT 18H 便可以分别进入初始引导程序或 BASIC 解释程序。

2）磁盘管理模块

磁盘管理模块是 MS-DOS 的核心，它由"系统进一步设置程序"和"系统功能调用程序"两部分组成。

系统进一步设置程序完成类型号为 20H～27H 的中断向量设置，并为每个磁盘驱动器建立一个磁盘参数表。磁盘参数表涉及有关磁盘操作的物理参数。

系统功能调用是以类型号为 21H 的中断处理程序形式提供的，主要包括以下 3 方面的功能。

（1）设备管理。

（2）目录管理。

（3）文件管理。

这些系统调用命令为高级用户提供了与操作系统之间的软件接口。

3）命令处理模块

命令处理模块是操作系统和普通用户之间的接口，它识别、接收和处理用户输入的 DOS 命令。DOS 命令都是由键盘输入的固定字符串构成的，这种形式是 Windows 操作系统出现之前，计算机操作命令的普遍格式，如 TYPE、DIR 等。

2. DOS 的软件中断和系统功能调用

DOS 的主要系统功能都是用中断处理程序的形式来提供的，每个中断都有对应的功能，有些对应一组功能。程序员可按照一定的格式在指定寄存器中设置好适当的参数，再用一条中断指令（INT 指令），便可调用某个中断处理程序，这就是利用软件中断方法来调用操作系统的功能。软件中断中，用得最多的是 10H 和 21H。

10H 中断也称设置屏幕中断，用来对屏幕显示方式进行各种设置。

系统功能调用这个术语通常指类型为 21H 的软件中断。因为在 21H 类型所对应的中断处理程序中包含了一系列最常用的功能子程序，这些子程序分别实现外设管理功能、文件读/写功能和管理功能、目录管理功能等,所以,21H 类型中断几乎包括了整个系统的功能,由此也被称为系统功能调用。

下面,分别对 10H 和 21H 这两个最常用的软件中断调用方法作讲解。

3. 设置屏幕中断 10H

用户可以用 INT 10H 对屏幕进行设置。使用 10H 中断时,AH 中要放功能号,并在指定的寄存器中放入口参数。表 D.1 列出了 10H 对应的功能。

表 D.1 10H 对应的功能

功 能 块 号	入 口 参 数	功 能
0	AL＝CRT 工作方式	对 CRT 初始化
1	CX＝光标属性	置光标类型
2	DX＝行、列号,BH＝页号	置光标位置
3	BH＝页号	读光标位置
4		读光笔位置
5	AL＝页号	选择显示页
6	AL＝上滚行数	屏幕显示向上滚动
7	AL＝下滚行数	屏幕显示向下滚动
8	BH＝页号	读光标处字符/属性
9	AL＝字符,BL＝属性	在光标处写字符/属性
10	AL＝字符	在光标处写字符
11	BX＝彩色标识和彩色值	设置屏幕彩色背景
12	DX＝行号,CX＝列号	在指定坐标处写点
13	DX＝行号,CX＝列号	在指定坐标处读点
14	AL＝字符	写字符
15		取当前屏幕状态

下面的程序对 10II 软件中断的使用作了很好的示范。

如图 D.2 所示,程序使屏幕中间建立一个 20 列宽、9 行高的窗口,然后将键盘输入的字符在屏幕窗口上显示,而且,当 20 个字符的行填满时,会使窗口自动向上滚动。

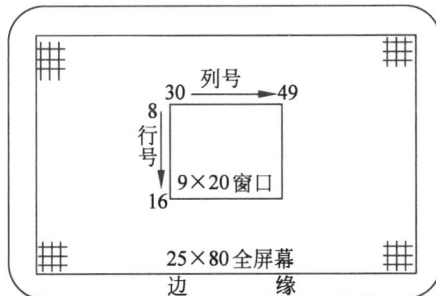

图 D.2 在屏幕上开窗口的示意图

```
;利用滚行功能清除屏幕
CLEAR:          MOV     AH,6            ;滚行功能号
                MOV     AL,0            ;空白屏幕的代码
                MOV     CH,0            ;左上角的行号
                MOV     CL,0            ;左上角的列号
                MOV     DH,24           ;右下角的行号
                MOV     DL,79           ;右下角的列号
                MOV     BH,7            ;空白行属性
                INT     10H             ;清除屏幕
;使光标定位在窗口的左下角
POS_CURSE:      MOV     AH,2            ;光标定位功能号
                MOV     DH,16           ;行号
                MOV     DL,30           ;列号
                MOV     BH,0            ;当前页号,如改变页号,则会往前或往后翻页
                INT     10H             ;光标定位在 16 行、30 列处
;读取键盘输入字符
                MOV     CX,14H          ;列计数值为 20(十进制)
GAT_CHAR:       MOV     AH,1            ;键盘输入的功能调用
                INT     21H             ;输入 1 个字符
                CMP     AL,3            ;输入字符是否为 Ctrl+C
                JZ      EXT             ;如为 Ctrl+C,则退出
                LOOP    GET_CHAR        ;取下 1 个字符
;滚行并开窗口
SCROLL:         MOV     AH,6            ;滚行功能调用
                MOV     AL,1            ;行数
                MOV     CH,8            ;左上角行号
                MOV     CL,30           ;左上角列号
                MOV     DH,16           ;右下角行号
                MOV     DL,50           ;右下角列号
                MOV     BH,7            ;属性码为 7 表示普通行
                INT     10H             ;窗口向上滚动
                JMP     POS_CURSE       ;光标复位
EXT:            INT     20H             ;返回控制台
```

4. 系统功能调用 21H

系统功能调用 21H 的调用格式都是一致的,按 4 步进行。

(1) 在 AH 寄存器中设置系统功能调用号。

(2) 在指定寄存器中设置入口参数。

(3) 用 INT 21H 指令执行功能调用。

(4) 根据出口参数分析功能调用执行情况。

只是有些系统调用功能比较简单,不需要设置入口参数,或者没有出口参数。

表 D.2 列出了各系统功能调用号对应的功能、入口参数和出口参数。

表 D.2 MS-DOS 的 21H 对应的功能调用

调用号	功 能	入 口 参 数	出 口 参 数
00H	退出用户程序并返回 DOS		
01H	键盘输入字符		AL＝输入字符
02H	显示器输出字符	DL＝输出字符	
03H	串行设备字符输入		AL＝输入字符
04H	串行设备字符输出	DL＝输出字符	
05H	往打印机输出字符	DL＝输出字符	
06H	直接控制台输入/输出	DL＝FF(输入) DL＝字符(输出)	AL＝输入字符
07H	直接控制台输入(无回送)		AL＝输入字符
08H	键盘输入(无回送)		AL＝输入字符
09H	显示字符串	DS:DX＝缓冲区首址	
0AH	输入字符串	DS:DX＝缓冲区首址	
0BH	检查键盘输入状态		AL＝00,无输入 AL＝FF,有输入
0CH	清除键盘输入缓冲区		
0DH	磁盘设置和初始化		
0EH	选择当前盘	DL＝盘号	AL＝系统中逻辑盘数
0FH	打开文件	DS:DX＝FCB 首址	AL＝00,成功 AL＝FF,未打开指定文件
10H	关闭文件	DS:DX＝FCB 首址	AL＝00,成功 AL＝FF,未找到
11H	查找第一个目录项	DS:DX＝FCB 首址	AL＝00,找到 AL＝FF,未找到
12H	查找下一个目录项	DS:DX＝FCB 首址	AL＝00,找到 AL＝FF,未找到
13H	删除文件	DS:DX＝FCB 首址	AL＝00,成功 AL＝FF,未找到
14H	顺序读一个记录	DS:DX＝FCB 首址	AL＝00,成功 AL＝01,文件结束 AL＝02,缓冲区太小 AL＝03,读得残缺记录
15H	顺序写一个记录	DS:DX＝FCB 首址	AL＝00,成功 AL＝FF,磁盘满
16H	建立文件	DS:DX＝FCB 首址	AL＝00,成功 AL＝FF,目录区满

调用号	功　能	入　口　参　数	出　口　参　数
17H	文件改名	DS:DX=FCB 首址 DS:DX+17＝文件新名字首址	AL=00,成功 AL=FF,不成功
18H	由 DOS 内部调用		
19H	取当前盘的盘号		AL=当前盘的盘号
1AH	设置磁盘缓冲区	DS:DX=缓冲区首址	
1BH	取当前盘文件分配表(FAT)的有关信息		DS:BX=FAT 首址 DX=FAT 表项数 AL=每族扇区数 CX=每扇区字节数
1CH	取指定盘的文件分配表有关信息	DL=盘号	DS:BX=FAT 首址 DX=FAT 表项数 AL=每族扇区数 CX=每扇区字节数
1D～20H	由 DOS 内部使用		
21H	随机读一个记录	DS:DX=FCB 首址	AL=00,成功 AL=01,文件结束 AL=03,残缺记录
22H	随机写一个记录	DS:DX=FCB 首址	AL=00,成功 AL=FF,盘满
23H	取文件长度	DS:DX=FCB 首址	FCB+33=记录数 且 AL=0,成功 否则 AL=FF,未找到
24H	设置随机记录号	DS:DX=FCB 首址	
25H	设置中断向量	DS:DX 指向 4 字节地址 AL=中断类型号	
26H	由 DOS 内部调用		
27H	随机分块读	DS:DX=FCB 首址 CX=所读记录数	AL=00,成功 AL=01,文件结束 AL=03,残缺记录
28H	随机分块写	DS:DX=FCB 首址 CX=要写的记录数	AL=00,成功 AL=FF,盘满
29H	分析文件名	DS:SI=命令行首址 ES:DI=缓冲区首址	ES:DI=FCB 首址 且 AL=0,则为单义名 AL=FF,无效 AL=01,广义文件名

调用号	功 能	入 口 参 数	出 口 参 数
2AH	取日期		CX 和 DX 中为日期
2BH	设置日期	CX 和 DX 中为日期	AL＝00,成功 AL＝FF,失败
2CH	取时间		CX 和 DX 中为时间
2DH	设置时间	CX 和 DX 中为时间	AL＝00,成功 AL＝FF,失败
2EH	设置校验状态,从而对每次写操作进行校验	DL＝0,AL＝1,校验 AL＝0,去校验	
2FH	取磁盘缓冲区首址		ES:BX＝缓冲区首址
30H	取 DOS 版本号		AL＝版本号 AH＝发行号
31H	终止用户程序并驻留内存	DX＝程序长度 AL＝本进程对应的返回码	
32H	由 DOS 内部调用		
33H	设置和检查 Ctrl ＋ Break 功能	如设置,则 AL＝01,且 DL＝00 如去除,则 AL＝01,且 DL＝01 如检查,则 AL＝00	DL＝01,有此功能 DL＝00,无此功能
34H	由 DOS 内部调用		
35H	取中断向量	AL＝中断类型号	ES:BX＝中断向量
36H	检测磁盘可用空间	DL＝盘号	BX＝可用族数 DX＝盘上的总族数 CX＝每扇区字节数 AX＝每族扇区数
37H	由 DOS 内部调用		
38H	取国别标志	DS:DX＝缓冲区首址 AL＝0	DS:DX 处为国别信息
39H	建一个子目录	DS:DX 指向路径名	CF＝0,成功 CF＝1,失败
3AH	删除一个子目录	DS:DX 指向路径名	CF＝0,成功 CF＝1,失败

调用号	功 能	入 口 参 数	出 口 参 数
3BH	改变当前目录	DS:DX 指向新路径名	CF＝0,成功 CF＝1,失败
3CH	建立文件	DS:DX＝路径名首址 CX＝文件属性	AX＝文件代号或出错代码
3DH	打开文件	DS:DX＝路径名首址 AL＝0 为读打开 AL＝1 为写打开 AL＝2 为读写打开	AX＝文件代号或出错代码
3EH	关闭文件	BX＝文件代号	
3FH	读文件	BX＝文件代号 CX＝所读字节数 DS:DX＝缓冲区首址	AX＝实际读取字节数
40H	写文件	BX＝文件代号 CX＝所写字节数 DS:DX＝缓冲区首址	AX＝实际写入字节数
41H	删除文件	DS:DX＝路径名首址	
42H	移动文件读/写指针	BX＝文件代号 CX:DX＝位移量 AL＝0,绝对移动 AL＝1,相对移动 AL＝2,绝对倒移	DX:AX＝新的指针位置
43H	设置/读取文件属性	DS:DX＝路径名 AL＝0,读取文件属性 AL＝1,设置文件属性 BX＝文件代号 CX＝属性	CX＝文件属性
44H	对 I/O 设备的控制	AL＝0,取状态 AL＝1,置状态码(DX) AL＝2,读数据 AL＝3,写数据 AL＝6,取输入状态 AL＝7,取输出状态	DX＝状态码
45H	复制文件时建立新文件的代号	BX＝要复制的旧文件代号	AX＝新文件代号
46H	复制文件时强制性建立新文件的代号	BX＝旧文件的代号 CX＝指定的新文件代号	CX＝旧文件代号
47H	取当前目录路径名	DL＝盘号 DS:SI＝缓冲区首址	DS:SI＝路径名首址

続表

调用号	功 能	入 口 参 数	出 口 参 数
48H	分配内存空间	BX=申请的内存容量	AX=分配内存的首址 BX=最大可用内存大小
49H	释放内存空间	ES=内存段地址	
4AH	增大或缩小原内存空间	ES=原内存段地址 BX=再申请的内存大小	BX=最大可用内存大小
4BH	装入并执行程序	DS:DX=文件名首址 ES:BX=参数区首址 AL=0 装入并执行 AL=3 装入但不执行	
4CH	终止当前程序并返回	AL=本进程对应的返回码 退出码由 4DH 调用得到	
4DH	取返回码		AX=返回码
4EH	查找第一个和给定名字相匹配的文件	DS:DX=路径名首址 CX=属性	当前磁盘缓冲区中为文件名、属性、长度等,如未找到,则 AL≠00
4FH	查找下一个匹配文件	4EH 调用的出口参数保存下来即为 4FH 调用的入口参数	当前磁盘缓冲区中为文件名、属性、长度等,如未找到,则 AL≠00
50~55H	由 DOS 内部调用		
56H	文件改名	DS:DX=旧文件名首址 ES:DI=新文件名首址	AL=00,成功 AL≠00,失败
57H	设置/读取时间和日期	BX=文件代号 AL=00,读取 AL=01,设置 DX:CX 中为日期和时间	读取时,DX 和 CX 中为日期和时间

21H 系统功能调用主要完成如下 3 方面的管理。

1) 设备管理

设备管理包括键盘输入、显示输出、设置磁盘缓冲区、选择当前盘等 12 条功能调用。这里需要指出 09H、0AH、03H 和 04H 这 4 个功能调用的使用注意点。

09H 是用来输出字符串的功能调用,必须用 DS 和 DX 指出要显示的字符串的首地址,另外,要注意用 $ 作为显示字符串的结束符。

0AH 是输入一行键盘字符的功能调用。使用 0AH 功能时,入口参数中,要求用 DS 和 DX 寄存器给出输入缓冲区的首地址,并且在缓冲区第一字节中预先设置缓冲区长度。执行功能调用后,缓冲区第二字节中为实际输入字符信息的长度,从第三字节开始才是输入的字符串。

03H 和 04H 分别执行异步通信的输入/输出功能。执行输入功能时,输入字符作为出口参数放在 AL 中;执行输出功能时,输出字符作为入口参数放在 DL 中。

2) 目录管理

目录管理包括查找目录项、更改目录项、建立子目录、删除子目录等功能。这些功能调用的方法都比较简单。

3) 文件管理

文件管理是 DOS 提供给用户的最重要的系统功能调用。一共有两组文件管理功能:一组是用 24H 以下的功能调用号提供的;另一组是用 3CH 以上的功能调用号提供的。

DOS 系统功能调用提供了 4 种文件存取方式:顺序存取方式、随机存取方式、随机分块存取方式和文件代号法存取方式。之所以有这么多种存取方式,主要是出于文件管理技术逐步提高的历史原因。

顺序存取方式把文件分成一个一个记录,存取时,从第一个记录到最后一个记录顺序进行。随机存取方式提供了存取文件内部任何一个记录的手段。随机分块存取方式是在随机存取方式基础上的一个改进,用普通随机方式时,一次功能调用只能读一个记录或者写一个记录,采用随机分块存取方式时,一次功能调用可以读/写多个记录,甚至一次读/写整个文件。文件代号是一个 16 位的数字,文件代号法存取就是用此代号对文件进行读/写。除了一些早期研发的软件采用前面几种存取方式外,较新的软件都采用文件代号法来存取文件,现在的技术人员也习惯采用文件代号法开发相应软件。

读/写文件前,必须打开文件。打开文件的道理和从文件柜里存取一份报告时打开文件夹的情况类似。写文件时打开文件的环节由另一个动作附带完成,这就是建立文件。因此,写文件时似乎看不到打开文件这一步。

文件读/写之后,需要关闭文件,这和打开文件相对应。存取文件后,尤其是写文件后,一定要有关闭文件操作。通过关闭文件,使操作系统确认此文件放在磁盘哪一部分。如果写文件时忘了关闭文件,那就会导致写入的文件不完整。不过读文件时,关闭文件这一步是可有可无的,因此,也有人将它省去。

在 32 位系统中,主要采用文件代号法存取文件,所以,下面用具体例子来说明文件代号法的使用。

下面是用文件代号法读文件的程序,程序在运行时,先显示提示信息"Enter Pathname:",等待用户从键盘输入带路径的文件名(当然也可不带路径);然后,到磁盘上查找并读取指定的文件,并把文件内容显示在屏幕上。这个程序的功能和 TYPE 命令功能相当。

```
DATA        SEGMENT                            ;数据段
NAMEBUFF    DB      50                         ;缓冲区长度
            DB      ?                          ;实际所读取的字符数
            DB      50  DUP (?)                ;缓冲区
DATBUFF     DB      200 DUP (?)                ;数据缓冲区
INTRO       DB      0DH,0AH,'Enter Pathname: $'
EMESS       DB      'Error $'
CRLF        DB      0DH,0AH,'$'                ;回车换行
```

```
DATA            ENDS
ZOPEN           SEGMENT                                    ;代码段
ASSUME          CS:ZOPEN, DS: DATA
START:          PUSH        DS                             ;在堆栈中保存返回地址
                SUB         AX,AX
                PUSH        AX
                MOV         AX,DATA
                MOV         DS,AX
;读文件路径名,打开文件
NEWFILE:        MOV         DX,OFFSET INTRO                ;提示信息首址送 DX
                MOV         AH,09H                         ;显示字符串功能调用
                INT         21H                            ;显示提示信息
                MOV         DX,OFFSET NAMEBUFF             ;缓冲区首址送 DX
                MOV         AH,0AH                         ;从键盘读入字符的功能号
                INT         21H                            ;读入路径名
                MOV         DX,OFFSET CRLF                 ;回车换行
                MOV         AH,09H                         ;显示字符串的功能调用
                INT         21H                            ;显示回车换行
;将缓冲区中路径名后面的字节填 0
                MOV         SI,OFFSET NAMEBUFF+1   ;取读的字节数·
                MOV         BL,[SI]
                MOV         BH,0                           ;BX 中为路径名的长度
                MOV         BYTE PTR [NAMEBUFF+BX+2],0
                                                           ;路径名后面填一个 0
;打开文件
                MOV         AL,0                           ;为读而打开文件
                MOV         DX,OFFSET NAMEBUFF+2
                MOV         AH,3DH                         ;打开文件的功能调用
                INT         21H                            ;打开文件
                MOV         BX,AX                          ;将得到的文件代号或出错代码送 BX
                JC          ERROR                          ;有错,是转 ERROR
;读取文件
NEWBUFF:        MOV         CX,200                         ;所读取的字节数
                MOV         DX,OFFSET DATBUFF              ;DX 指向缓冲区首址
                MOV         ΛH,3FH                         ;读文件的功能号
                INT         21H                            ;读文件
                JC          ERROR                          ;有错则转 ERROR
                CMP         AX,0                           ;没错则判读取的字符数是否为 0
                JE          EXIT                           ;如为文件末尾,则转 EXIT
;显示所读的文件内容
                MOV         SI,BX                          ;保存文件代号
                MOV         CX,AX                          ;CX 中为字符数
                MOV         BX,OFFSET DATBUFF              ;BX 指向缓冲区首址
NEWCHAR:        MOV         AH,2                           ;显示字符的功能调用
                MOV         DL,[BX]                        ;取字符
                CMP         DL,1AH                         ;是否为结束符
                JE          EXIT                           ;如为结束符,则转 EXIT
                INT         21H                            ;否则显示此字符
```

```
                INC         BX                          ;指向下一字符
                LOOP        NEWCHAR                     ;取下一个字符显示
                MOV         BX,SI                       ;BX 中恢复文件代号
                JMP         NEWBUFF                     ;再读取文件下一部分
EXIT:           RET                                     ;返回 MS-DOS
;出错显示子程序
ERROR:          MOV         BX,AX                       ;出错代码送 BX
                MOV         DX,OFFSET EMESS             ;DX 指向出错信息首址
                MOV         AH,09H                      ;显示字符串功能调用
                INT         21H                         ;显示出错信息
;打印 BX 中的出错代码
                CALL        BINIHEX                     ;显示出错代码
                RET
BINIHEX:        MOV         CH,4                        ;要显示的数据的位数
ROTATE:         MOV         CL,4
                ROL         BX,CL                       ;最高 4 位移到最低 4 位
                MOV         AL,BL
                AND         AL,0FH                      ;取低 4 位
                ADD         AL,30H                      ;变为 ASCII 码
                CMP         AL,3AH                      ;是否大于 9 的 ASCII 码
                JL          PRINT                       ;若不大于,则转 PRINT
                ADD         AL,7H                       ;若大于,则为十六进制数 A~F
PRINT:          MOV         DL,AL                       ;ASCII 字符送 DL
                MOV         AH,2                        ;显示字符的功能调用
                INT         21H                         ;显示出错序号
                DEC         CH                          ;显示完 4 位数字了吗
                JNZ         ROTATE                      ;如未完,则转 ROTATE
                RET
ZOPEN           ENDS
END             START
```

下面是用文件代号法写文件的程序,程序在运行时,先在屏幕上显示提示信息"Enter Pathname:",等待从键盘输入带路径的文件名;然后显示提示信息"Enter Text:"等待输入文本信息,每输入一行,便往磁盘写入一行。当操作员从键盘单独输入一次回车时,结束写文件操作。于是在磁盘上完成了对一个指定文件的写操作。

```
DATA            SEGMENT
NAMB            DB          50                          ;路径名缓冲区的长度
                DB          ?                           ;实际字符数
                DB          50 DUP (?)                  ;路径名缓冲区
DATB            DB          80                          ;文本缓冲区的长度
                DB          ?                           ;实际输入字符数
                DB          80 DUP (?)                  ;文本缓冲区
HANDLE          DW          ?                           ;文件代号存储单元
INTRO1          DB          0DH,0AH,'Enter Pathname: $'
INTRO2          DB          0DH,0AH,'Enter Text:',0DH,0AH,'$'
EMESS           DB          'Error. $'
CRLF            DB          0DH,0AH,'$'                 ;回车换行
```

```
DATA        ENDS
WRITE       SEGMENT
ASSUME      CS：WRITE，  DS：DATA
START：      PUSH        DS                              ;保存 DS
            SUB         AX,AX
            PUSH        AX                              ;保存 AX
            MOV         AX,DATA
            MOV         DS,AX
;读取文件路径名且打开文件
            MOV         DX,OFFSET INTRO1                ;DX 指向提示信息首址
            MOV         AH,09                           ;显示信息的功能调用
            INT         21H                             ;显示提示信息
            MOV         DX,OFFSET NAMB
            MOV         AH,0AH                          ;接收键盘上输入的路径名
            INT         21H
            MOV         DX,OFFSET CRLF                  ;显示回车换行
            MOV         AH,09
            INT         21H
            MOV         SI,OFFSET NAMB+1
            MOV         BL,[SI]                         ;取实际字符数
            MOV         BH,0
            MOV         BYTE PTR [NAMB+BX+2],0          ;路径名后面填 0
;建立文件
            MOV         DX,OFFSET NAMB+2                ;DX 指向路径名首址
            MOV         CX,0                            ;可读/写文件属性
            MOV         AH,3CH                          ;建立文件的功能调用
            INT         21H                             ;建立文件
            MOV         SI,OFFSET HANDLE
            MOV         [SI],AX                         ;保存文件代号
            JC          ERROR                           ;有错则转 ERROR
;读取键盘上输入的文本
            MOV         DX,OFFSET INTRO2                ;显示提示信息"Enter Text："
            MOV         AH,09
            INT         21H
NEWLINE：    MOV         DX,OFFSET DATB                  ;缓冲区首址
            MOV         AH,0AH                          ;读取键盘信息的功能调用
            INT         21H                             ;读用户输入的文本
            MOV         SI,OFFSET DATB+1                ;SI 指向实际输入字符数
            CMP         [SI],1                          ;看是否有字符输入
            JLE         EXIT                            ;无输入,则转 EXIT
            MOV         SI,OFFSET DATB+1
            MOV         BL,[SI]
            MOV         BH,0                            ;BX 中为实际字符数
            MOV         BYTE PTR [DATB+BX+2],0DH        ;填回车
            MOV         BYTE PTR [DATB+BX+3],0AH        ;填换行
            MOV         SI,OFFSET DATB+1
            ADD         [SI],2                          ;计数器加 2
            MOV         DX,OFFSET CRLF                  ;显示回车换行
```

```
                MOV         AH,09H
                INT         21H
;往磁盘写文件
                MOV         SI,OFFSET HANDLE
                MOV         BX,[SI]                         ;取文件代号送 BX
                MOV         DX,OFFSET DATB+2                ;DX 指向输入的文本
                MOV         SI,OFFSET DATB+1                ;SI 指向输入字符数
                MOV         CL,[SI]
                MOV         CH,0                            ;CX 中为字符数
                MOV         AH,40H                          ;写文件功能调用
                INT         21H                             ;写文件
                JC          ERROR                           ;出错则转 ERROR
                JMP         NEWLINE                         ;接收并写另一行
;关闭文件并退出
EXIT：          MOV         SI,OFFSET HANDLE
                MOV         BX,[SI]                         ;BX 中为文件代号
                MOV         AH,3EH                          ;关闭文件的功能调用
                INT         21H                             ;关闭文件
                JC          ERROR                           ;有错则转 ERROR
                RET
ERROR：         MOV         BX,AX                           ;出错代码送 BX
                MOV         DX,OFFSET EMESS                 ;DX 指向出错信息
                MOV         AH,09H                          ;显示出错信息
                INT         21H
                CALL        BINIHEX                         ;显示出错代码
                RET                                         ;退出
BINIHEX：       MOV         CH,4                            ;显示的字符位数
ROTATE：        MOV         CL,4
                ROL         BX,CL                           ;最高 4 位移到最低 4 位
                MOV         AL,BL
                AND         AL,0FH                          ;取低 4 位
                ADD         AL,30H                          ;转换为 ASCII 码
                CMP         AL,3AH                          ;是否大于 9
                JL          PRINT                           ;不大于 9,则显示
                ADD         AL,07H                          ;大于 9,则加 7 再显示 A～F
PRINT：         MOV         DL,AL                           ;ASCII 码送 DL
                MOV         AH,2                            ;显示出错代码
                INT         21H
                DEC         CH                              ;是否已显示 4 位
                JNZ         ROTATE                          ;未完,则继续
                RET
```

附录 E LED 数字显示

1. LED 的工作原理

通常,计算机系统的显示设备是 CRT 或 CLD,通过显示器屏幕,操作员可以使计算机显示数据、图形和表格等。但是在一些微型机控制系统和测量系统中,往往有数字显示功能即可。在这种情况下,常用数码管来构成数字显示器,这种显示器价格低廉、体积小、功耗低,而可靠性又相当好,因此,得到广泛应用。

七段数码管即七段 LED 是一种应用很普遍的显示器件。从单板微型机、袖珍计算器到许多微型机控制系统及数字化仪器中都用 LED 作为输出显示。

LED 的主要部分是七段发光管,如图 E.1(a)所示,这七段发光段分别称为 a、b、c、d、e、f、g,有的产品还附带有一个小数点 DP,七段发光管名称就是由此而来。

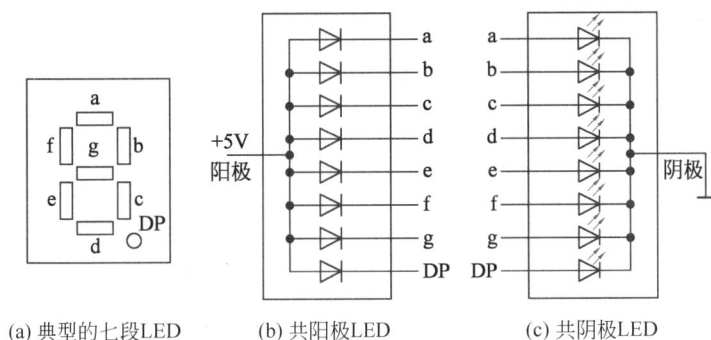

(a) 典型的七段LED (b) 共阳极LED (c) 共阴极LED

图 E.1 七段 LED 显示器件

通过 7 个发光段的不同组合,可显示 0～9 和 A～F 共 16 个字母数字,从而实现十六进制数的显示。

LED 可分为共阳极和共阴极两种结构,如图 E.1(b)、(c)所示。

如为共阳极结构,则数码显示端输入低电平有效,当某一段得到低电平时,便发光。例如,当 a、b、g、e、d 为低电平,而其他段为高电平时,则显示数字 2。

如为共阴极结构,则数码显示端输入高电平有效,当某段处于高电平时便发光。

图 E.2 是 LED 和 8255A 之间的连接电路。

CPU 通过 8255A 往 LED 传输七段显示代码,8255A 的端口本身是 8 位的,因此,有 1 位悬空未用。由于 LED 的一个段发光时,通过的平均电流为 10～20mA,所以,采用共阴极 LED 时,阴极接地,而阳极要加驱动电路。驱动电路可由晶体管构成,也可由小规模集成电路构成,如一片 DM7407N 就可实现对 4 位的电流驱动。用共阴极 LED 时,若驱动器输出为 1,则对应的段发光。当然,也可采用共阳极 LED,此时,阳极接＋5V 电源,当驱动器输出为 0 时,对应段发光。

为了将 1 个 4 位二进制数(可能为 1 个十六进制数,也可能是 1 个 BCD 码)在 1 个 LED 上显示,须将 4 位二进制数转换为 LED 的 7 位显示代码。要完成译码功能,可采用以下两种方法。

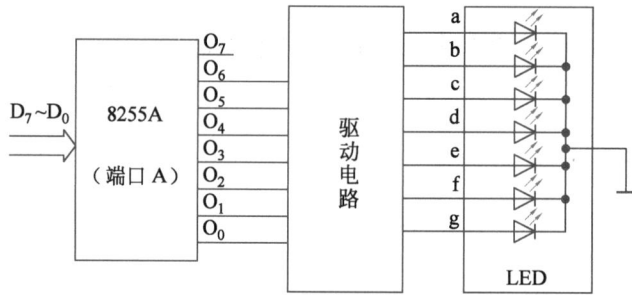

图 E.2　LED 和 8255A 之间的连接电路（共阴极）

一种方法是采用专用芯片，如 7447，即采用专用的带驱动器的 LED 段译码器，可实现对 BCD 码的译码，但不能对大于 9 的二进制数译码。7447 有 4 位输入，7 位输出。使用时，只要将 7447 的输入端与主机系统输出端的某 4 个数据位（也可和存储器的某 4 位输出）相连，而 7447 的 7 位输出直接与 LED 的 a～g 相接，便可实现对 1 位 BCD 码的显示，具体电路如图 E.3 所示。

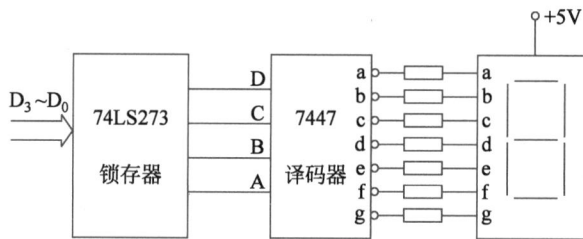

图 E.3　用专用芯片完成段译码的示意（共阳极）

另一种常用的办法是软件译码法。在软件设计时，将 0～F 共 16 个数字（也可为 0～9）对应的显示代码组成一个表。例如，用共阳极 LED 来显示 7 时，a、b、c 三段发光，故应为低电平，而其他段不发光，即为高电平。硬件连接时，输出端口的 D_7 位悬空，数据传输时使它恒为 0，g 段对应 D_6，f 段对应 D_5……，于是，7 的显示代码为 01111000，即 78H。显示代码表就放在存储器中，设 LEDADD 为 LED 显示代码表的首地址，那么，要显示的数字的显示代码的地址正好为首地址＋数字值。例如，要显示 7，则它所对应的显示代码在 LEDADD＋7 单元中，利用 8086 的换码指令 XLAT，便可方便地实现数字到显示代码的译码。

下面的程序用来实现 1 位数字的 LED 显示。设要显示的数字放在标为 DATA 的单元中，而 LEDADD 为代码表首址。

DISP:	MOV	BX,OFFSET DATA	
	MOV	AL,[BX]	;取要显示的数字
	MOV	BX,OFFSET LEDADD	;取显示代码表首址
	XLAT		;将数字转换成显示代码
	MOV	DX,PORT	
	OUT	DX,AL	;送显示代码,PORT 为 LED 所连并行端口号

⋮			
LEDADD	DB	40H	;0 的显示代码
	DB	79H	;1 的显示代码
	DB	24H	;2 的显示代码
⋮			

2. 多位显示问题的解决

实际使用时,往往要用几个显示管实现多位显示。这时,如每个 LED 占用一个独立的输出端口,那么,所占用的输出通道就太多了,而且,驱动电路的数目也很多。所以,要从硬件和软件两方面想办法节省硬件电路。

下面介绍一种常用的方法。在此方案中,硬件上用公用的驱动电路来驱动各显示管,在软件上用扫描方法来实现数码显示。图 E.4 是这种方案的硬件连接。

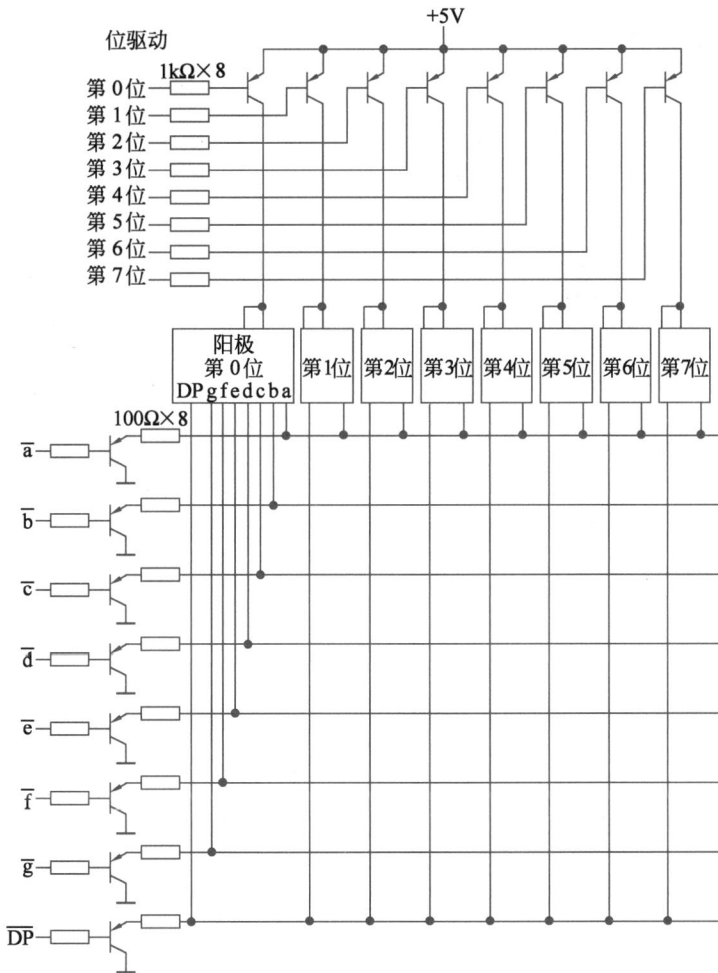

图 E.4　8 位 LED 显示硬件连接图

从图 E.4 中可看到,用两个 8 位的并行输出通道就可实现 8 个 LED 的显示。其中,一个通道作为位控制,如图 E.4 中使用共阳极 LED,那么,当位控制端口输出的控制码某一位为低电平时,此位对应的 LED 便显示数据。另一个通道输出七段译码值,通过一个 8 位驱动器组将译码值同时送到各显示管。此通道和 8 位驱动器组是由 8 个显示管分时使用的,因为当 CPU 送出一个代码时,尽管各显示管的阴极都收到了此代码,但是,位码中只有 1 位为低电平,所以,只有一个管子的相应段得到导通而显示数字,其他管子并不发光。我们将此通道和 8 位驱动器组称为段控制通道。

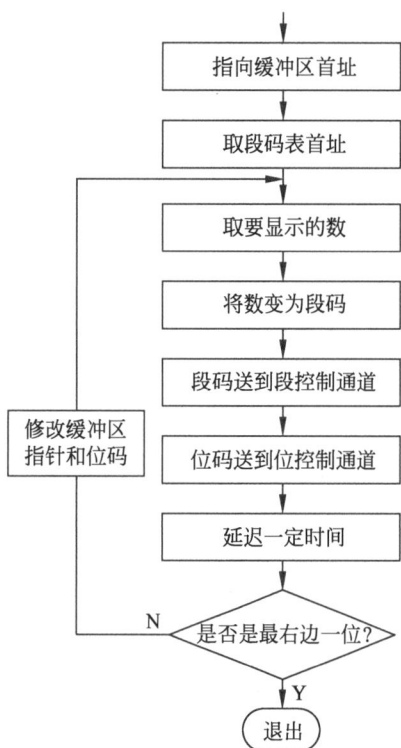

图 E.5　8 位 LED 显示的流程图

如 CPU 往段控制通道连续送 8 个数字,并依次往位控制通道发出 8 个位扫描代码,每个扫描码中,对应要显示的位为 0,其余各位为 1,这样,便可在 8 个 LED 上显示 8 位十六进制数字。利用眼睛的视觉惯性,当采用一定的频率不断地往 8 个 LED 输送显示码和扫描代码时,从显示管上便可见到相当稳定的数字显示。可见,采用这种方案时,硬件上很节省,不过,CPU 要用较多的时间输出扫描代码和段显示码。

为节省硬件,在多位显示时,往往用软件来完成段译码,即 CPU 往 LED 直接输出段码。图 E.5 是 8 位 LED 显示的流程图。

采用图 E.5 的流程编制程序时,需要在内存中开辟一个缓冲区,用来存放要显示的十六进制数。缓冲区的第一个数据送往最左边的 LED,下一个数据送到左边第二个 LED……最后一个数据送到最右边的 LED。

另外,还需要建立一个表,此表中,从上到下依次存放十六进制数 0~F 对应的七段显示代码。七段显示代码的编码格式和硬件连接有关,例如,将输出端口的最高位 D_7 悬空,而将 D_0 对应 LED 的 a 段,D_1 对应 LED 的 b 段……编码格式如图 E.6 所示。

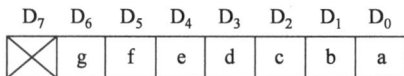

图 E.6　七段显示代码的编码格式

考虑到段驱动器的反相输出,对应于 0~F 段的七段显示代码为 40H、4FH、24H、30H……

下面是根据图 E.5 的流程用汇编语言编写的 8 位 LED 显示程序。

```
START:   MOV   DI,OFFSET  BUFDA      ;指向缓冲区首址
         MOV   CL,80H                 ;使最左边 LED 发光
         MOV   BX,OFFSET TABLE        ;段码表首址送 BX
```

```
DIS1:        MOV      BL,[DI+0]
             PUSH     BX                      ;BL 中为要显示的数
             POP      AX
             XLAT                             ;将段码取到 AL 中
             MOV      DX,PORTSEG     ⎫
             OUT      DX,AL          ⎬        ;段码送控制通道,PORTSEG 为端口地址
             MOV      AL,CL          ⎭
             MOV      DX,PORTBIT     ⎫        ;位码送控制通道,PORTBIT 为位控制通道端
             OUT      DX,AL          ⎭        口号
             PUSH     CX                      ;保存位扫描码
             MOV      CX,30H
DELAY:       LOOP     DELAY                   ;延迟一定时间
             POP      CX
             CMP      CL,01                   ;显示扫描是否到达最右边的 LED
             JZ       QUIT                    ;是,则已显示一遍,故退出
             INC      DI                      ;否,则指向下一位 LED
             SHR      CL,1                    ;位码指向下一位
             JMP      DIS1                    ;显示下一位 LED
QUIT:        RET
TABLE        DB       40H                     ;0 的段码
             DB       4FH                     ;1 的段码
             DB       24H                     ;2 的段码
             DB       30H                     ;3 的段码
             DB       19H                     ;4 的段码
             DB       12H                     ;5 的段码
             DB       02H                     ;6 的段码
             DB       78H                     ;7 的段码
             DB       00H                     ;8 的段码
             DB       10H                     ;9 的段码
             DB       08H                     ;A 的段码
             DB       03H                     ;B 的段码
             DB       46H                     ;C 的段码
             DB       21H                     ;D 的段码
             DB       04H                     ;E 的段码
             DB       0EH                     ;F 的段码
BUFDA        DB       8   DUP (?)             ;8 字节的缓冲区
```

3. 键盘和 LED 设计实例

下面举例说明当一个系统中既要连接键盘又要连接显示管时,如何进行综合性的设计考虑。

设计要求:在 8086 单板机上连接 1 个 7×8＝56 键的键盘,并连接 6 个 LED;使用系统中的 8253 提供时钟,设计 1 个定时装置,显示分和秒;要求在按下某些特定键时,实现指定的功能。例如,要求在按下 C 键时,清除计数,显示 00-00;按下 S 键时,设置时钟初始值;按下 G 键时,启动计时,6 个 LED 上显示时间计数;按下 Esc 键时,停止计数,LED上显示当时的时间。

在考虑总体方案时,对显示部分采用软件译码,即在程序中设置一个段码表,存放对应于每个显示数字的七段显示代码,CPU 直接往 LED 输出七段显示代码,这样,省去了硬件译码器。图 E.7 是显示部分的硬件连接关系。

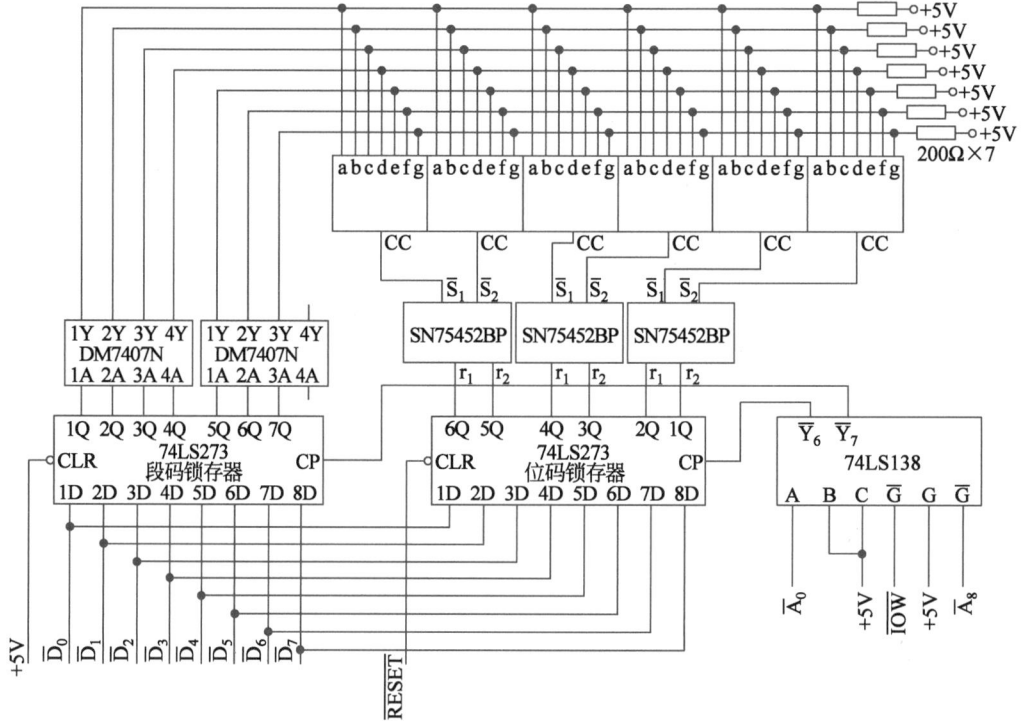

图 E.7　计时器显示部分的硬件连接关系

显示部分的硬件用了 6 个共阴极 LED 作为显示管,用 2 个 74LS273 分别作为段码和位码的锁存器。由于 LED 导通时,每段所需电流 10mA 左右,因此 74LS273 不能直接驱动 LED。图 E.7 中,在 LED 的段极(阳极)和 74LS273 之间连接 DM7407N 作为驱动器,而在 LED 的阴极和位锁存器 74LS273 之间连接 SN75452BP 作为驱动器。SN75452BP 具有反相作用。LED 的每段外接 200Ω 的电阻起限流作用。

段码锁存器和位码锁存器均连在数据总线低 8 位的反相端 $\overline{D}_7 \sim \overline{D}_0$,CPU 往数据总线送出的数据到底是送入位码锁存器还是送入段码锁存器,这由 74LS138 对地址译码得到的译码输出信号 $\overline{Y}_6$ 和 $\overline{Y}_7$ 来决定。当 $\overline{A}_8 = 0$,而 $\overline{A}_0 = 1$ 时,$\overline{Y}_7 = 0$,而 $\overline{Y}_6 = 1$,于是,段锁存器被选中,此时,CPU 输出的代码作为段码锁存到段码锁存器中;当 $\overline{A}_8 = 0$,而 $\overline{A}_0 = 0$ 时,$\overline{Y}_6 = 0$,而 $\overline{Y}_7 = 1$,于是,位码锁存器被选中,此时,CPU 输出的代码作为位码被锁存到位码锁存器中。

可用 0100H 和 0101H 分别作为段码输出通道和位码输出通道的地址,这样,当用软件使 CPU 往 0100H 地址送一个数时,此数便作为段码锁存到 74LS273 中;然后,再让CPU 往地址 0101H 送另一个数,此数便作为位码锁存到另一片 74LS273 中。当然位码应该保证 1 位为 0,其余各位为 1,经过两次反相后,送 LED 阴极。

显示程序只要做到每送一次段码就接着送一次位码,并且,每送一次位码后,将位码中的 0 右移 1 位作为下一次的位码,即第 1 个位码中 D_6 为 0,第 2 个位码中 D_5 为 0……那么,就可从左到右使 6 个 LED 依次显示相应的数字。

CPU 如每隔一定时间便执行一次显示程序,只要这个时间段不太长,那么,由于眼睛的视觉惯性,就可在 6 个 LED 上同时见到数字显示。

位码锁存器的 CLR 端和 RESET 端相连,当复位时,位码锁存器各输出端均为低电位,这样,各 LED 的阴极为高电位,所以,6 个 LED 都没有数字显示。

本系统所用的键盘是一个 7×8 的键矩阵。设计时,用 8255A 的两个端口连接键盘。端口 B 作为输出端口,输出键扫描信号;端口 A 作为输入端口,读入列值。

图 E.8 是键盘部分的连线图,图中,每个键的中间注出了键名,其上面一行是键号,下面一行是由键的行值和列值组成的键值,行值就是扫描码。

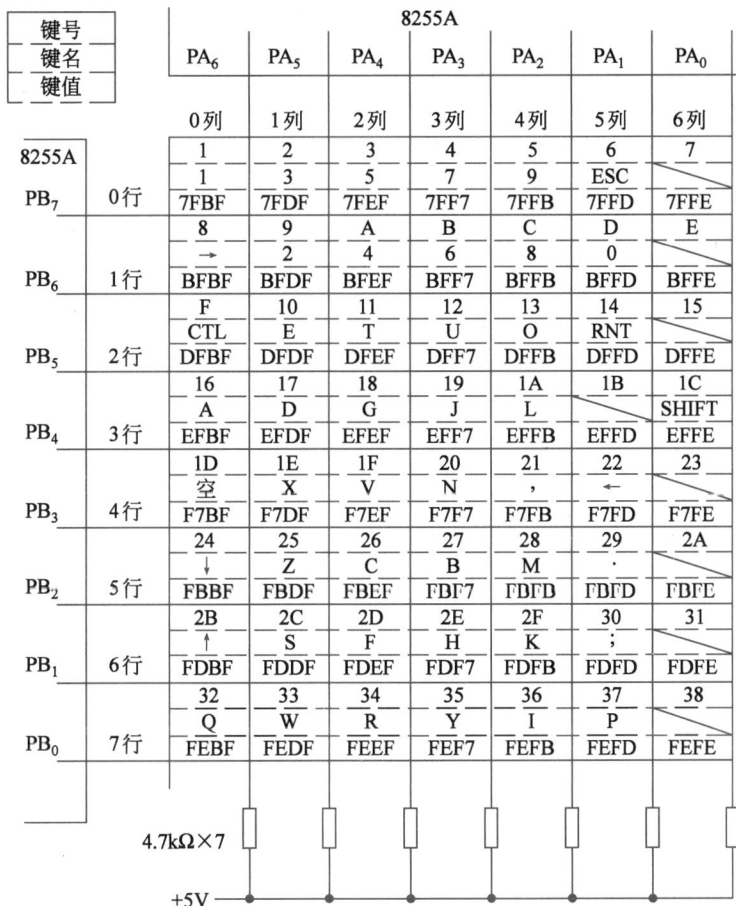

键号 键名 键值		8255A						
		PA$_6$	PA$_5$	PA$_4$	PA$_3$	PA$_2$	PA$_1$	PA$_0$
		0列	1列	2列	3列	4列	5列	6列
8255A PB$_7$	0行	1 1 7FBF	2 3 7FDF	3 5 7FEF	4 7 7FF7	5 9 7FFB	6 ESC 7FFD	7 7FFE
PB$_6$	1行	8 → BFBF	9 2 BFDF	A 4 BFEF	B 6 BFF7	C 8 BFFB	D 0 BFFD	E BFFE
PB$_5$	2行	F CTL DFBF	10 E DFDF	11 T DFEF	12 U DFF7	13 O DFFB	14 RNT DFFD	15 DFFE
PB$_4$	3行	16 A EFBF	17 D EFDF	18 G EFEF	19 J EFF7	1A L EFFB	1B EFFD	1C SHIFT EFFE
PB$_3$	4行	1D 空 F7BF	1E X F7DF	1F V F7EF	20 N F7F7	21 , F7FB	22 ← F7FD	23 F7FE
PB$_2$	5行	24 ↓ FBBF	25 Z FBDF	26 C FBEF	27 B FBF7	28 M FBFB	29 . FBFD	2A FBFE
PB$_1$	6行	2B ↑ FDBF	2C S FDDF	2D F FDEF	2E H FDF7	2F K FDFB	30 ; FDFD	31 FDFE
PB$_0$	7行	32 Q FEBF	33 W FEDF	34 R FEEF	35 Y FEF7	36 I FEFB	37 P FEFD	38 FEFE

4.7kΩ×7

+5V

图 E.8　计时器的键盘部分

扫描码总是使其中一行为低电平,其余各行为高电平,当此行上有键被按下时,则从 A 端口读得的列值一定不是 FFH。将输出的行值和读得的列值合起来就是键值。键值和键之间有一一对应关系,因此,软件根据键值便可判断按下了哪个键。

用汇编语言进行软件设计通常离不开对硬件连接方式的考虑。对这个计时器系统来说,这种依赖关系体现在以下几方面。

(1) 程序中凡是用到输入/输出指令时,要直接使用端口地址,而端口地址完全由硬件决定。这里用到的端口地址如下。

- 计数器 8253:

  控制口地址为 00D6H;

  计数器 0 的地址为 00D0H;

  计数器 1 的地址为 00D2H;

  计数器 2 的地址为 00D4H。

- 中断控制器 8259A:

  ICW_1、OCW_2、OCW_3 写入地址为 00C0H;

  ICW_2、ICW_3、ICW_4、OCW_1 写入地址以及 OCW_1 的读出地址为 00C2H。

- 并行接口 8255A:

  控制口地址为 00E6H;

  A 端口地址为 00E0H;

  B 端口地址为 00E2H;

  C 端口地址为 00E4H。

(2) 对系统初始化时涉及所用芯片的类型和互相连接方式。本例中,用计数器 8253 的 0 号计数器的输出作为基本时钟,使 8253 工作在模式 3,即作为一个方波发生器。又将 8253 的 0 号计数器的输出和 8259A 的 IR_0 相连,通过软件方式设定,将 8253 的方波输出上升沿作为 8259A 的 IR_0 端的中断请求信号。如将 8259A 的 ICW_2 设为 20H,则中断向量即中断子程序的入口地址便放在 0 段 0080H、0081H、0082H、0083H 这 4 个单元中。

(3) 键盘扫描码的格式是由键盘和端口之间的连接方式决定的。在本例中,8255A 的端口 B 连接键盘行线,并且 PB_7 连 0 行,PB_6 连 1 行……这就决定了扫描码要从端口 B 输出,并对应 0 行的扫描码为 01111111,以后,只要将前一个扫描码循环右移 1 位便得到下一个扫描码。

(4) 6 个 LED 的 CC 端连接方式决定了位码的值,最右边的 LED 连接 1Q 即 D_0,最左边的 LED 连接 6Q 即 D_5。现在假设要按如下格式显示:

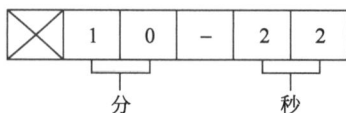

那么,左边第二个 LED 的对应位码为 EFH,然后从左往右依次为 F7H、FBH、FDH、FEH,因此,只要将前一个位码循环右移 1 位即可得到下一个位码。

计时器软件包括两个主要部分:一是显示程序;二是键盘扫描程序。从宏观上看,这两部分程序应当不停地并行地在执行,这样才能既使 LED 的数字显示稳定,又不遗漏对闭合键的识别和处理。为此,可采用不同的方案来设计计时器软件。

一种方案是将显示程序放在主程序中,使主程序除了完成各芯片的初始化及设置中断向量以外,便不停地调用显示程序,而将键盘扫描程序、键命令的识别和处理程序及计时程序作为中断处理程序。

另一种方案是将显示程序和键盘扫描程序都放在主程序中,同样,键命令的识别和处理程序也放在主程序中,这样,主程序除了对芯片进行初始化和设置中断向量外,就是不断调用显示程序和键盘程序。只要保证 1 秒内调用显示程序的次数不少于 30 次,就可使 LED 的数字显示基本稳定;而对键盘的扫描来说,只要 1 秒内的扫描次数不少于 50 次,也就不会遗漏对闭合键的识别。在这种方案中,中断处理程序内只含计时模块。

还有一种方案是将键盘扫描程序、键命令的识别和处理程序作为主程序,而将计时程序和显示程序作为中断处理程序。

下面,就第三种方案来具体讨论计时器的软件设计。

在主程序中,要对各个用到的芯片进行初始化,在对 8253 进行初始化时,使它用方式 3 工作,每 10ms 产生一次方波。设系统中,8253 的输入时钟频率为 1.228 8MHz,定时常数设为 3000H,则定时周期正好为 10ms。由于 8253 的定时输出与 8259A 的 IR_0 相连,所以,系统中每隔 10ms 便由 8253 对 8259A 产生一次中断请求,即每隔 10ms 执行一次中断处理程序。

本方案的一个长处就是将与时间密切相关的两个模块(即显示模块和计时模块)放在中断处理程序中,这样,就保证了 LED 的数字每隔 10ms 得到一次刷新(实际上,这还不是保证稳定显示的极限时间),从而保证数字显示稳定。中断处理程序完成计时功能要依靠两方面,因为中断处理程序是每 10ms 执行一次,但计时并不是以 10ms 为单位进行的,而是以秒为单位进行的,所以,计时功能的实现一方面要利用 10ms 这个基准时间单位,另一方面要借助一个计数单元。计数单元的初始值为 100(十进制数),每进行一次中断,便使计数单元的内容减 1,也就是说,每 10ms 作一次计数。每当计数单元从 100 减为 0 时,说明已经过了 10ms×100＝1s 时间,于是使秒位加 1。秒位加 1 之后,又须判断由此而可能引起的进位,如有进位,则应实现正确的修改。修改完后,再将 LED 显示一遍。

图 E.9 是计时器主程序的流程图,图 E.10 则是计时器的中断处理程序的流程图。

根据图 E.9 的流程图用汇编语言编写的程序如下。

```
;主程序:初始化;键盘扫描;键命令识别和处理
START:    CLI                          ;清中断标志,关闭中断
          MOV    SI,OFFSET BUF         ;命令行首址送 SI
          MOV    BP,0064H              ;计数初值为 100
          MOV    AL,36H            ⎫
          OUT    0D6H,AL           ⎬ ;8253 初始化,使 0 号计数器工作于方式 3
          MOV    AL,00H            ⎭
          OUT    0D0H,AL           ⎫
          MOV    AL,30H            ⎬ ;8253 的时钟为 1.228 8MHz,定时常数 3000H,故
          OUT    0D0H,AL           ⎭   定时周期为 10ms
```

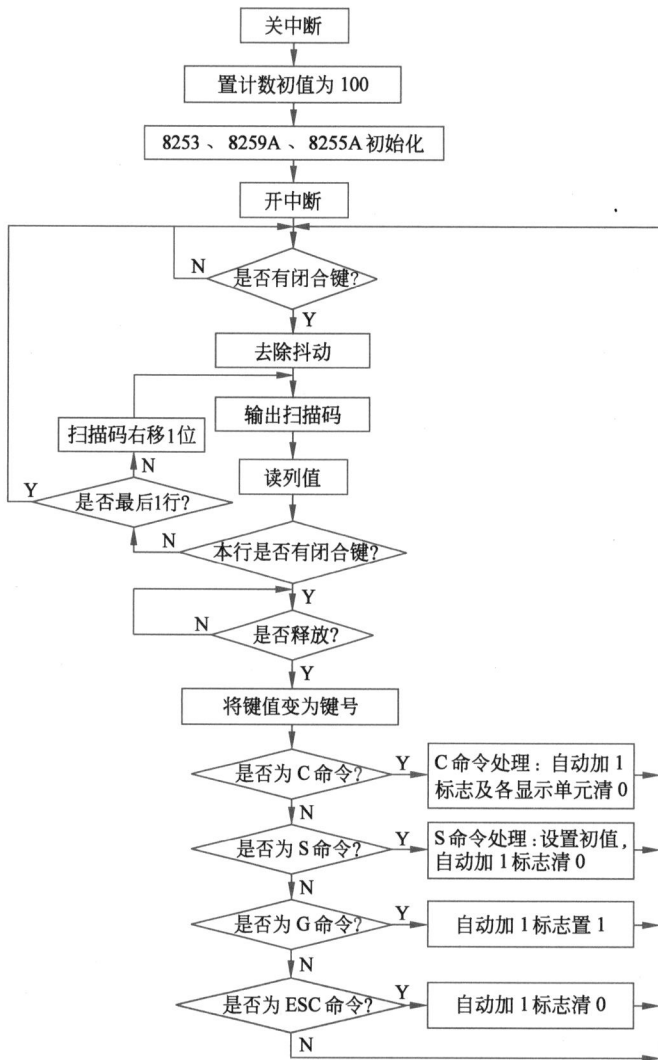

图 E.9 计时器主程序的流程图

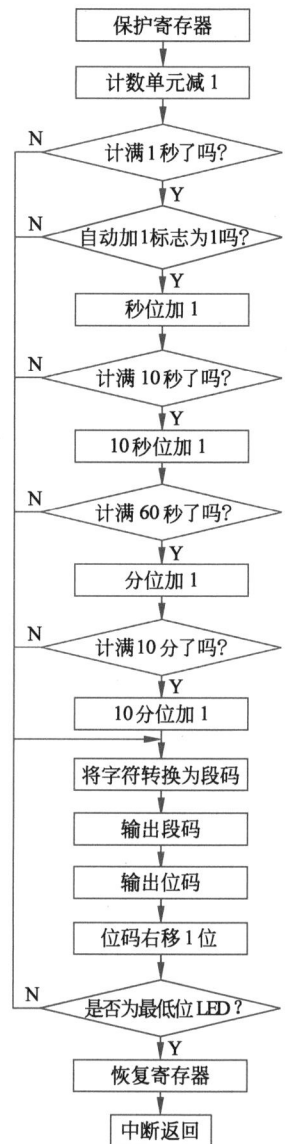

关中断
→ 置计数初值为 100
→ 8253、8259A、8255A 初始化
→ 开中断
→ 是否有闭合键? (N 循环)
→ Y → 去除抖动
→ 输出扫描码
→ 读列值
→ 本行是否有闭合键?
   N → 扫描码右移1位 → 是否最后1行? (N 返回读列值；Y 返回是否有闭合键)
→ Y → 是否释放? (N 循环)
→ Y → 将键值变为键号
→ 是否为 C 命令? Y → C命令处理：自动加1标志及各显示单元清 0
→ N → 是否为 S 命令? Y → S命令处理：设置初值，自动加1标志清 0
→ N → 是否为 G 命令? Y → 自动加1标志置 1
→ N → 是否为 ESC 命令? Y → 自动加1标志清 0
→ N (返回)

图 E.9 计时器主程序的流程图

图 E.10 计时器的中断处理程序的流程图

保护寄存器
→ 计数单元减 1
→ 计满1秒了吗? (N 循环)
→ Y → 自动加1标志为1吗? (N)
→ Y → 秒位加 1
→ 计满10秒了吗? (N)
→ Y → 10秒位加 1
→ 计满60秒了吗? (N)
→ Y → 分位加 1
→ 计满10分了吗? (N)
→ Y → 10分位加 1
→ 将字符转换为段码
→ 输出段码
→ 输出位码
→ 位码右移1位
→ 是否为最低位 LED? (N 循环)
→ Y → 恢复寄存器
→ 中断返回

图 E.10 计时器的中断处理程序的流程图

```
MOV    AL,17H          ;8259A 初始化,设置 ICW₁,使用上升沿触发
OUT    0C0H,AL

MOV    AL,20H          ;ICW₂,中断类型号为 80H
OUT    0C2H,AL

MOV    AL,1FH          ;ICW₄,中断自动结束方式,特殊全嵌套
OUT    0C2H,AL

MOV    AL,0FEH         ;OCW₁,将其他中断进行屏蔽
OUT    0C2H,AL
```

		MOV	AL,91H	} ;8255A 初始化,端口 B 输出,端口 A 输入,均为模式 0
		OUT	0E6H,AL
		STI		;开中断
RECE：		CALL	KEY	;调用键盘扫描程序,如有闭合键,则 BUF 中为键号
		MOV	SI,OFFSET BUF	} ;取键号
		MOV	AL,[SI]
		CMP	AL,26H
		JNZ	PP1	;是否为 C 命令,否,则转 PP1
		CALL	CPRO	;是,则转 C 命令处理
		JMP	RECE	;继续扫描键盘
PP1：		CMP	AL,2CH	;是否为 S 命令
		JNZ	PP2	;否,则转 PP2
		CALL	SPRO	;如为 S 命令,则转 S 命令处理
		JMP	RECE	;继续扫描键盘
PP2：		CMP	AL,18H	;是否为 G 命令
		JNZ	PPP	;否,则转 PPP
		CALL	GPRO	;如为 G 命令,则转 G 命令处理
		JMP	RECE	;继续扫描键盘
PPP：		CMP	AL,06H	;是否为 ESC 键命令
		JNZ	PPP	;否,则转 PPP
		CALL	ESPRO	;如为 ESC 命令,则转相应处理
		JMP	RECE	;继续扫描键盘

;键盘扫描程序

KEY：		MOV	DI,OFFSET KEYBUF	
SCAN：		MOV	AL,00	} ;使键盘所有行为低电平
		OUT	0E2H,AL
		IN	AL,0E0H	;读取列值
		OR	AL,80H	} ;是否有键闭合
		CMP	AL,0FFH
		JZ	SCAN	;无闭合键,则继续扫描
		MOV	CX,14FFH
CYCLE：		LOOP	CYCLE	;有闭合键,则延迟一段时间,去抖动
		MOV	CX,0008H	;扫描行数为 8
		MOV	AH,7FH	;先使第一行为低电平
SCAN1：		MOV	AL,AH	} ;输出扫描码
		OUT	0E2H,AL
		IN	AL,0E0H	;读进列值
		OR	AL,80H	
		CMP	AL,0FFH	;看此行是否有闭合键
		JNZ	KEYN	;如有闭合键,则转 KEYN
		ROR	AH,1	
		LOOP	SCAN1	;如无闭合键,则对下一行作扫描
		JMP	SCAN	;如扫完 8 行,则重新进行扫描
KEYN：		MOV	[DI],AX	;将键值送 KEYBUF 及 KEYBUF+1

RELEA：	IN	AL,0E0H	;读入列值
	OR	AL,80H	;看是否已释放
	CMP	AL,0FFH	
	JNZ	RELEA	;未释放,则等待
	MOV	AX,[DI]	;AX 中为键值
	ADD	DI,0002	;命令行缓冲区地址加 2
	CMP	AX,0DFFDH	;接收的是否为回车键
	JNZ	SCAN	;否,则重新扫描
	MOV	SI,OFFSET KEYBUF	;计算接收的字符数
	SUB	DI,SI	
	ROR	DI,1	;将接收的字符数送 CX 中
	MOV	CX,DI	
	MOV	DI,OFFSET KEYBUF	;DI 中为命令行缓冲区首址
	MOV	SI,OFFSET BUF	;SI 中为键号缓冲区首址
KEYTRA：	CALL	TRAN	;将键值变换为键号
	LOOP	KEYTRA	
	RET		

;将键值转换为键号的子程序

TRAN：	PUSH	CX	;保存要转换的字符数
	MOV	AX,[DI]	
	MOV	CX,0007	
	STC		;找出接收字符所在的列号
CHACL：	RCR	AH,1	
	JNB	TRAN	
	LOOP	CHACL	
	PUSH	CX	
	STC		
CHAROW：	RCR	AH,1	
	JNB	TRAN	;找出接收字符所在的行号
	LOOP	CHAROW	
	MOV	AX,CX	
	MOV	DL,07	
	MUL	DL	;将接收的键值转换为键号
	POP	[SI]	
	ADD	[SI],AL	
	ADD	DI,0002	;修改键值单元指针
	INC	SI	;修改键号单元指针
	POP	CX	
	RET		

;C 命令处理程序,使计时为 0

CPRO：	CLI		;关中断
	MOV	DI,OFFSET DISBUF	;显示缓冲区首址
	MOV	[DI],0	;自动加 1 标志清 0
	MOV	[DI+1],0	

```
                MOV     [DI+2],0
                MOV     [DI+3],0
                MOV     [DI+4],0
                MOV     [DI+5],0              ;所有显示单元清 0
                STI                          ;开中断
                RET                          ;返回
;S 命令处理程序,设置计时初值
SPRO:           CLI                          ;关中断
                PUSH    BX                   ;保存 BX
                MOV     BX,OFFSET TABLE
                MOV     AL,[SI+01]           ;取 S 命令后面第 1 个键号
                XLAT                         ;将第 1 个键号转换为键名
                MOV     DI,OFFSET DISBUF ⎫
                MOV     [DI+1],AL        ⎬ 将第 1 个数字送显示缓冲区
                MOV     AL,[SI+02]       ⎫
                XLAT                     ⎬ 将第 2 个键号转换为键名,并把数字送显示缓冲区
                MOV     [DI+2],AL        ⎭
                MOV     AL,[SI+04]       ⎫
                XLAT                     ⎬ 将第 4 个键号转换为键名,并把数字送显示缓冲区
                MOV     [DI+3],AL        ⎭
                MOV     AL,[SI+05]       ⎫
                XLAT                     ⎬ 将第 5 个键号转换为键名,并把数字送显示缓冲区
                MOV     [DI+4],AL        ⎭
                MOV     [DI],00              ;自动加 1 标志单元清 0
                POP     BX                   ;恢复 BX
                STI                          ;开中断
                RET                          ;返回
;G 命令处理程序,使计时开始
GPRO:           CLI                          ;关中断
                MOV     DI,OFFSET DISBUF ⎫
                MOV     [DI],01          ⎬ 自动加 1 标志单元置 1
                STI                          ;开中断
                RET                          ;返回
;ESC 命令处理程序,停止计数
ESPRO:          CLI                          ;关中断
                MOV     DI,OFFSET DISBUF ⎫
                MOV     [DI],0           ⎬ 将自动加 1 标志清 0
                STI                          ;开中断
                RET                          ;返回
```

下面是中断处理程序,它根据计数值和自动加 1 标志决定是否计时,计时过程中实现正确进位,此外,还完成显示功能。

```
INTR:           PUSH    SI               ⎫
                PUSH    AX               ⎬ 保存寄存器的内容
```

	DEC	BP	;计数单元减 1
	JNZ	DISPLAY	;如未计到 100,则直接转显示
	MOV	DI,OFFSET DISBUF	
	CMP	[DI],01	;自动加 1 标志是否为 1
	JNZ	DISPLAY	;否,则停止计数,且直接转显示
	INC	DI	;DI 为显示单元地址
	MOV	BP,0064H	;计数单元设置初值
	INC	[DI+04]	;秒位加 1
	CMP	[DI+04],0AH	;是否引起进位
	JNZ	DISPLAY	;无进位,则转显示
	MOV	[DI+04],00	⎫;有进位则本位清 0 而前一位加 1
	INC	[DI+03]	⎭
	CMP	[DI+03],06	;是否满 60 秒
	JNZ	DISPLAY	;否,则转显示
	MOV	[DI+03],00	⎫;是,则本位清 0,而分位加 1
	INC	[DI+02]	⎭
	CMP	[DI+02],0AH	;是否引起分位有进位
	JNZ	DISPLAY	;否,则转显示
	MOV	DI+02],00	⎫;有进位,则本位清 0,而前一位加 1
	INC	[DI+01]	⎭
	CMP	[DI+01],06	;是否满 60 分
	JNZ	DISPLAY	;否,则转显示
	MOV	[DI+01],00	;是,则本位清 0
DISPLAY:	CALL	DISPL	;调用显示程序
	POP	AX	⎫;恢复寄存器
	POP	SI	⎭
	IRET		;中断返回

;显示程序,将字符变为段码,并将所有段码送 LED 显示

DISPL:	PUSH	DX	⎫
	PUSH	CX	⎪;保存寄存器
	PUSH	BX	⎬
	PUSH	SI	⎭
	MOV	CX,0005	;CX 中为要显示的位数
	MOV	BX,OFFSET DDBUF	;BX 中为显示段码单元地址
	MOV	SI,OFFSET DISBUF	⎫;SI 中为要显示的字符地址
	INC	SI	⎭
	MOV	AH,0EFH	;左边第 2 个 LED 的位码
DISPL1:	MOV	DX,0101H	
	MOV	AL,0FFH	⎫;使所有 LED 均不亮
	OUT	DX,AL	⎭
	PUSH	CX	
	MOV	CX,0500H	
WAIT1:	LOOP	WAIT1	;等待一段时间
	MOV	DX,0100H	

		MOV	AL,[SI]	
		XLAT		
		OUT	DX,AL	;输出段码
		MOV	DX,0101H	
		MOV	AL,AH	;输出位码
		OUT	DX,AL	
		MOV	CX,0500H	
WAIT2：		LOOP	WAIT2	;等待一段时间
		POP	CX	
		ROR	AH,1	;位码右移 1 位
		INC	SI	
		LOOP	DISPL1	;对下一位作显示
		POP	SI	
		POP	BX	;恢复寄存器值
		POP	CX	
		POP	DX	
		RET		;返回
TABLE		DB	20H	;空键
		DB	01H	;键 1
		DB	03H	;键 3
		DB	05H	;键 5
		DB	07H	;键 7
		DB	09H	;键 9
		DB	0FFH	;键 ESC
		DB	20H	;空键
		DB	0FFH	;右移键
		DB	02H	;键 2
		DB	04H	;键 4
		DB	06H	;键 6
		DB	08H	;键 8
		DB	00H	;键 0
		DB	20H	;空键

⋮

DDBUF	DB	40H	;0的段码
	DB	4FH	;1的段码
	DB	24H	;2的段码
	DB	30H	;3的段码
	DB	19H	;4的段码
	DB	12H	;5的段码
	DB	02H	;6的段码
	DB	78H	;7的段码
	DB	00H	;8的段码
	DB	10H	;9的段码
	DB	3FH	;一的段码

附录 F   Pentium 指令详解

AAA   (ASCII adjust for addition)——加法的 ASCII 调整

操作：   如果 AL 的低 4 位大于 9 或辅助进位标志 AF 为 1,则 AL 中加 6,并对 AH 加 1,
AF 和 CF 置位。结果 AL 中的高 4 位为 0,而低 4 位为 0~9 的数字。

例：   AAA(这条指令必定用在加法指令后面)

标志：   AF、CF 受影响；OF、PF、SF、ZF 无定义。

说明：   AAA 指令用来对两个非组合的十进制相加结果(在 AL 中)进行调整,产生 1 个
非组合的十进制和。

AAD   (ASCII adjust for division)——除法的 ASCII 调整

操作：   累加器的高 8 位(AH)乘 10,再和低 8 位(AL)相加,结果存入 AL,而 AH 清 0。

例：   AAD(这条指令必定用在除法指令之前)

标志：   PF、SF、ZF 受影响；AF、CF、OF 无定义。

说明：   在两个非组合的十进制数相除之前,必须对 AL 中的被除数进行调整,这样,除
法执行后,得到一个非组合的十进制商。

AAM   (ASCII adjust for multiply)——乘法的 ASCII 调整

操作：   对两个非组合的 BCD 码相乘结果作调整,得到正确的非组合的 BCD 码乘积。

例：   AAM(这条指令必定用在乘法指令后面)

标志：   PF、SF、ZF 受影响；AF、CF、OF 无定义。

说明：   本指令对 AX 中得到的非组合的十进制数相乘结果进行调整,得到非组合的十
进制积。

AAS   (ASCII adjust for subtraction)——减法的 ASCII 调整

操作：   如果 AL 的低 4 位大于 9,或者辅助进位标志 AF 为 1,则从 AL 中减 6,从 AH 中
减 1,且 AF 和 CF 被置位。此外,AL 和数值 0FH 相与,这样,AL 的高 4 位为 0,
而低 4 位为 0~9 的 1 个数。

例：   AAS(这条指令必定用在减法指令后面)

标志：   AF、CF 受影响；OF、PF、SF、ZF 无定义。

ADC   (add with carry)——带进位的加法

操作：   如进位标志 CF 为 1,则在进行加法时,将结果加 1；如 CF 为 0,则进行加法时,
结果中不额外加 1。

   第一种：有一个为寄存器数,另一个为寄存器数或存储器数

例：   ① ADC   AX,SI

      ADC   ,SI   ;和上面一条指令相同

```
         ADC      DI,BX
         ADC      CH,BL
         ADC      EAX,ECX
②  ADC      DX,[1000]
         ADC      AX,[SI+200]
         ADC      CX,[BX+SI+100]
③  ADC      WORD PTR [DI+100],BX
         ADC      WORD PTR[BX+SI+100],DI
         ADC      DWORD PTR [1000],EAX
         ADC      ECX,DWORD PTR[SI]
```

第二种：有一个为立即数,另一个为累加器

例：
```
         ADC      AL,3
         ADC      AX,333
         ADC      EAX,data
```

第三种：有一个为立即数,另一个为寄存器数或存储器数

例：
```
①  ADC      BYTE PTR [SI+100],4FH
         ADC      WORD PTR [BX+DI+200],4FFFH
②  ADC      BX,1002
         ADC      DH,65
         ADC      EAX,11F10101H
```

标志：　AF、CF、OF、PF、SF、ZF 受影响。

说明：　ADC 指令实现两个操作数相加,如这之前,CF 为 1,则将相加结果加 1。两个操作数类型(双字、字或字节)要相同,例如,若寄存器或存储器中的字或双字要和立即数字节相加,那么,在加之前,要先进行符号扩展,使立即数字节成为立即数字或双字。

ADD （addition）——加法

操作：　将两个操作数相加,再把和送到目的操作数中。

第一种：有一个为寄存器数,另一个为寄存器数或存储器数

例：
```
①  ADD      AX,BX
         ADD      CX,DX
         ADD      DI,SI
         ADD      BX,BP
         ADD      EAX,ECX
②  ADD      CX,[1000]
         ADD      AX,[SI+100]
         ADD      DX,[BX+DI+200]
```

```
         ADD      ESI,[EBX+EDI+10]
     ③ ADD      WORD PTR [BP+DI+1000],BX
         ADD      DWORD PTR [DI+120],EAX
         ADD      DWORD PTR [2000],ECX
         ADD      BYTE PTR [2000],BH
```

第二种：立即数到累加器

例：
```
         ADD      AL,3
         ADD      AX,456
         ADD      ECX,0AF01000H
```

第三种：有一个为立即数，另一个为存储器数或寄存器数

例：
```
     ① ADD      BYTE PTR [DI+100],50
         ADD      WORD PTR [BX+SI+200],2020
     ② ADD      EBX,1000FFFF
         ADD      CX,1234
         ADD      DX,1776
```

标志： AF、CF、OF、PF、SF、ZF 受影响。

说明： ADD 指令将两个操作数相加，并把和送到目的操作数中。两个操作数类型（双字、字或字节）要相同，例如，遇到要把寄存器或存储器中的字或双字和 1 个立即数字节相加，那么，相加前先要把立即数字节扩展为字或双字。

AND （and：logical conjunction）——逻辑与

操作： 将两个操作数相"与"，只有在两个操作数中对应位均为 1 的那些数位，结果位才为 1，其余情况下的结果位为 0，结果存入目的操作数，此外，使 CF 和 OF 为 0。

第一种：有一个为寄存器操作数，另一个为存储器数或寄存器数

例：
```
     ① AND      AX,BX
         AND      CX,DI
         AND      BH,CL
         AND      EBX,EDI
     ② AND      SI,[1000]
         AND      DX,[BX+100]
         AND      BX,[BX+SI+200]
         AND      AX,[DI+100]
         AND      DII,[1000]
     ③ AND      WORD PTR [1000],BP
         AND      WORD PTR [DI+100],1000
         AND      BYTE PTR [BX+DI+100],SI
         AND      BYTE PTR [1000],AL
```

第二种：立即数到累加器

例： AND AL,7AH

AND AH,0EH

AND AX,7080H

AND EAX,COUNT

第三种：立即数到存储器/寄存器

例： ① AND BL,7BH

AND CH,00110101B

AND DX,1076H

AND SI,3820

② AND WORD PTR [1000],7A4FH

AND BYTE PTR [2000],46H

AND WORD PTR [DI+1000],4050H

AND BYTE PTR [BX+SI+100],7FH

标志： CF、OF、PF、SF、ZF 受影响；AF 无定义。

说明： AND 对两个操作数按位进行逻辑与,结果送到目的操作数中,如两数对应位均为 1,则结果位为 1; 否则,结果位为 0。

ARPL （adjust requested privilege level）——调整选择子的请求特权级字段

操作： 比较两个操作数,如第一个操作数的 RPL 小于第二个操作数的 RPL,则改变第一个操作数的 RPL 与后者相等,且 ZF=1; 否则,使 ZF=0,也不改变第 1 个操作数的 RPL。

例： ARPL SELECT,BX

BOUND （bound check）—— 范围检查

操作： 对指定寄存器中的值进行检查。

例： BOUND AX,MEM_WORD ;检查 AX 中的值是否超过 MEM_WORD 和
;MEM_WORD+2 中给出的范围,如超过,则进入
;INT 5

BOUND ECX,MEM_DWORD ;检查 ECX 中的值是否超过 MEM_DWORD 和
;MEM_DWORD+4 中给出的范围,如超过,则进入
;INT 5

BSF （scan bit forward）——按位往前扫描

操作： 从最低位往最高位扫描,将第一个 1 的位序号存入目的寄存器,并设置 ZF。

例： BSF EAX,[EBX] ;对 EBX 指出的数从右往左扫描,如全 0,则 ZF 为
;1,如某位为 1,则 ZF 为 0,并将此位序号送 EAX

BSF AX,MEM_WORD ;对 MEM_WORD 所指的字扫描,如全 0,则 ZF
;为 1,如某位为 1,则 ZF 为 0,并将此位序号送 AX

	BSF	EBX,EAX
	BSF	AX,BX

说明： 指令要求目的寄存器和源操作数必须同为 16 位或 32 位,目的操作数实际上指出了扫描对象是字还是双字。

BSR （scan bit reverse）——按位往后扫描

操作： 从最高位往最低位扫描。

例： BSR　　BX,MEM_WORD　　;对 MEM_WORD 所指的数扫描,如全 0,则 ZF 为
　　　　　　　　　　　　　　　　;1,如某位为 1,则 ZF 为 0,并将此位序号送 BX

　　 BSR　　EAX,ECX　　　　;对 ECX 中数扫描,如全 0,则 ZF 为 1,如某位为 1,
　　　　　　　　　　　　　　　　;则 ZF 为 0,并将此位序号送 EAX

说明： 同 BSF。

BSWAP （byte swap）——双字交换

操作： 将 32 位寄存器中双字的第 31～24 位与第 7～0 位交换,第 23～16 位与第 15～8 位交换。

例： BSWAP　EAX　　　　　　;如 EAX 中原有 0123 4567H,则执行指令后,为 7654 3210H

BT （test bit）——位测试

操作： 对指定位测试,并设置 CF。

例： BT　　EBX,AL　　　　　;将 AL 中数作为位序号,对 EBX 中此位测试,如指定
　　　　　　　　　　　　　　　　;位为 1,则 CF 为 1,如指定位为 0,则 CF 为 0

　　 BT　　AL,BL　　　　　　;BL 中值为位序号,对 AL 中此位测试,如此位为 1,则
　　　　　　　　　　　　　　　　;CF 为 1,如此位为 0,则 CF 为 0

　　 BT　　AX,11

　　 BT　　EDX,20　　　　　 ;对 EDX 中第 20 位进行测试,由 CF 反映测试结果

　　 BT　　MEM_WORD,ECX

BTC （test bit and compliment）——测试并求反

操作： 将指定位求反。

例： BTC　　MEM_BYTE,6　　 ;将 MEM_BYTE 所指数值的 D_6 位送 CF,再将此位
　　　　　　　　　　　　　　　　;取反

　　 BTC　　BX,2　　　　　　　;将 BX 中 D_2 位送 CF,并使 D_2 位取反

BTR （test bit and reset）——测试并清除

操作： 将指定位清 0。

例： BTR　　AX,CL　　　　　　;将 CL 中值作为位序号,使 AX 中此位送 CF,再将 AX
　　　　　　　　　　　　　　　　;中此位清 0

　　 BTR　　MEM_BYTE,AL　　;将 AL 中值作为位序号,使 MEM_BYTE 中此位
　　　　　　　　　　　　　　　　;送 CF,再将此位清 0

BTS （test bit and set）——测试并置 1

操作： 将指定位置 1。

例： BTS   [BX],5   ;将 BX 所指单元的 D_5 位送 CF,并使 D_5 位为 1

         BTS   MEM_BYTE,4   ;将所指存储器单元中 D_4 位送 CF,再将 D_4 位置 1

CALL （call a procedure）——调用一个过程

操作： 如果是段间调用,则将 CS 值推入堆栈,再将 EIP(或 IP)值推入堆栈,堆栈指针减
6(或 4),CS 和 EIP(IP)中分别为指令中给出的段值和偏移量。 如果是段内调
用,则仅将 EIP(IP)值推入堆栈,EIP(IP)中为指令给出的偏移量。

         第一种：段内直接调用

例： CALL   ABC

         CALL   NEAR_LABEL

         第二种：段间直接调用

例： CALL   XYZ

         CALL   FAR_PROC

         第三种：段间间接调用

例： CALL   DWORD PTR［BX］

         CALL   DWORD PTR［SI+100］

         第四种：段内间接调用

例： CALL   WORD PTR［BX］

         CALL   WORD PTR［BX+SI］

         CALL   WORD PTR［DI］

         CALL   WORD PTR［BP+SI+100］

         CALL   DWORD PTR［EBP+ESI+10］

         CALL   EBX

         CALL   BX

         CALL   CX

标志： 不受影响。

说明： CALL 指令将下一条指令的段地址和偏移量先后推入堆栈(如为段内调用,则仅
把偏移量推入堆栈),然后,将控制转移给目标操作数。 需要注意的是,直接调用
时,转移地址不能用变量,而只能用相对于 CS 的标号;在指令中如果没有指明
FAR 属性,则默认为 NEAR。 间接调用时,如果是用变量表示地址,则用 PTR
指出所要用的是字还是双字;凡用到 EBP(BP)寄存器的段内间接调用,则隐含的
段寄存器为 SS,其他情况下的隐含段寄存器为 DS,但如果指明了段前缀,则例外。

例如：

CALL　　　WORD PTR ES：[BP+DI]

段寄存器为 ES。

还要注意，CALL 指令类型要和子程序中 RET 指令类型一致，如 CALL 为段间调用类型，则返回指令 RET 也必须为段间返回类型；同样，如 CALL 为段内调用类型，则 RET 也必须为段内返回类型。否则，CS 的值不能正确保存或正确恢复。

CBW　(convert byte to word)——把 AL 中的字节按符号扩展为 AX 中的字

操作：　如 AL 中的值小于 80H，则 AH 中为 00；如 AL 中的值大于或等于 80H，则 AH 中为 FFH。也就是说，使 AH 中各位的值与 AL 的最高位一样。

例：　　CBW

标志：　所有标志不受影响。

说明：　CBW 指令用来扩展符号位，一般用来产生双倍长(字)的除数，因此，CBW 指令放在除法指令前。

CDQ　(convert dword to quad word)——双字扩展为 4 字

操作：　将 EAX 中的双字按符号扩展为 EDX 和 EAX 中的 4 字。

例：　　CDQ

CLC　(clear carry flag)——清除进位标志

操作：　将进位标志清 0。

例：　　CLC

标志：　CF 受影响。

说明：　CLC 指令使 CF 清 0。

CLD　(clear direction flag)——清除方向标志

操作：　将方向标志清 0。

例：　　CLD

标志：　DF 受影响。

说明：　在字符串操作指令被执行时，如果事先用 CLD 指令使 DF 清 0，则地址在串操作过程中自动增量。

CLI　(clear interrupt flag)——清除中断标志

操作：　将中断允许标志清 0。

例：　　CLI

标志：　IF 受影响。

说明：　CLI 指令使 IF 为 0，这样，出现在 INTR 引腿上的可屏蔽中断都受到禁止。

CLTS （clear task switched flag）——清除任务开关标志

操作： 清除 CR_0 寄存器中的任务开关标志 TSF。

例： CLTS

CMC （complement carry flag）——进位标志求反

操作： 若 CF 为 1,则使 CF 为 0；若 CF 为 0,则使 CF 为 1。

例： CMC

标志： CF 受影响。

说明： CMC 指令将 CF 取反。

CMP （compare two operands）——比较两个操作数

操作： 从目的操作数（左边）中减去源操作数（右边）,但结果不送回,而只按减的结果影响标志。

第一种：有一个为寄存器操作数,另一个为存储器数或寄存器数

例：
① CMP　　　AX,DX
　 CMP　　　SI,BP
　 CMP　　　BH,CL
　 CMP　　　EAX,ECX
　 CMP　　　ESI,EDI
② CMP　　　WORD PTR [DI+100],DX
　 CMP　　　DWORD PTR [BX+SI+200],EBX
　 CMP　　　BYTE PTR [1000],CH
③ CMP　　　DI,[1000]
　 CMP　　　CH,[2000]
　 CMP　　　AX,[BP+SI+100]
　 CMP　　　EAX,MEM_DWORD

第二种：立即数与累加器

例：
　 CMP　　　AL,6
　 CMP　　　AX,999

第三种：立即数与存储器数或寄存器数

例：
① CMP　　　BH,7
　 CMP　　　SI,798
② CMP　　　WORD PTR [BX+DI],6ACEH
　 CMP　　　BYTE PTR [BX+100],10H

标志： AF、CF、OF、PF、SF、ZF 受影响。

说明： CMP 执行减法操作,但不回送结果,而只影响标志。 使用 CMP 指令时,源操作

数和目的操作数的类型(双字、字或字节)要相同,例如,1 个立即数字节和 1 个寄存器字或存储器中的字或双字相比较,则要先对立即数字节进行扩展,使它成为立即数字或双字。

CMPSB/CMPSW/CMPSD （compare byte string/compare word string/compare double word string)——比较字节串/比较字串/比较双字串

操作： CMPSB/CMPSW/CMPSD 指令对存储器内的 2 字节串/字串/双字串进行比较,CMPSB 对字节串作比较,CMPSW 对字串作比较,而 CMPSD 对双字串作比较。源串由 DS:ESI(SI)指出,目的串由 ES:EDI(DI)指出。这 3 条指令不影响操作数,但影响标志。每进行一次比较,如 DF 为 0,则 ESI(SI)和 EDI(DI)增量;如 DF 为 1,则 ESI(SI)和 EDI(DI)减量,以进行下一次比较。执行 CMPSB 时,ESI(SI)和 EDI(DI)加 1 或减 1,ECX(CX)减 1;执行 CMPSW 时,ESI(SI)和 EDI(DI)加 2 或减 2,ECX(CX)减 1;执行 CMPSD 时,ESI(SI)和 EDI(DI)加 4 或减 4,ECX(CX)减 1。

例： MOV   SI,OFFSET STRING1
        MOV   DI,OFFSET STRING2
        CLD
        CMPS

标志： AF、CF、OF、PF、SF、ZF 受影响。

说明： CMPSB/CMPSW/CMPSD 指令被重复执行时,能对 2 个字符串进行比较,如要重复执行,只要加重复前缀即可。要注意的一点是,使用 CMPSB、CMPSW 或 CMPSD 指令时,ESI(SI)对应的段寄存器为 DS,EDI(DI)对应的段寄存器为 ES。

CMPXCHG （compare and exchange)——比较并交换

操作： 将目的寄存器或存储器中数和累加器中数比较,如相等,则 ZF 为 1,并将源操作数送目的操作数;否则 ZF 为 0,并将目的操作数送累加器。两种情况下,源操作数均不变。

例： CMPXCHG   [1000H],BL   ;先将 AL 中数与 1000H 单元中数比较,如等,则 ZF
                                          ;为 1,且 BL 中数送 1000H 单元;如不等,则 ZF
                                          ;为 0,且将 1000H 单元中数送 AL

CMPXCHG8B （compare and exchange 8 bytes)——64 位比较并交换

操作： 将 EDX:EAX 中的 8 字节与所指存储单元开始的 8 字节比较,如相等,则 ZF 为 1,且将 EDX:EAX 中 8 字节送存储单元;否则,ZF 为 0,且将所指存储单元开始的 8 字节送 EDX:EAX。

例： CMPXCHG8B   [1000H]   ;将 DS:1000H 开始的 8 字节与 EDX:EAX 中数

;比较,如相等,则 ZF 为 1,且将 EDX:EAX 中数送
;1000H 处;如不等,则 ZF 为 0,且将 1000H 处 8 字
;节送到 EDX:EAX

CPUID (CPU index)——读 CPU 标识信息
操作： EAX 中如为 0,则执行本指令后,EAX、EBX、ECX、EDX 中为 CPU 的有关信息,
包括型号、工作模式、可设置的断点数等。
例： CPUID

CWD (convert word to double word)——字扩展为双字
操作： 用 AX 的最高位填满 DX。
例： CWD
标志： 均不受影响。
说明： CWD 将存于 AX 中的字转换为存于 DX 和 AX 中的双字,DX 中为高 16 位,AX
中为低 16 位。

CWDE (convert word to double word)——字扩展为双字
操作： 将 AX 中的字按符号扩展为 EAX 中的双字。
例： CWDE
标志： 均不受影响。

DAA (decimal adjust for addition)——对加法的十进制调整
操作： 如果 AL 的低 4 位大于 9,或 AF 为 1,则 AL 加 6,并将 AF 置 0;如果 AL 的内
容大于 9FH,或 CF 为 1,则 AL 加 60H,并将 CF 置 0。
例： DAA
标志： AF、CF、PF、SF、ZF 受影响;OF 无意义。
说明： DAA 指令用来对两个组合的十进制相加结果(在 AL 中)进行调整,产生一个组
合的十进制和。

DAS (decimal adjust for subtraction)——对减法的十进制调整
操作： 如果 AL 的低 4 位大于 9,或者 AF 为 1,则 AL 的内容减 6,并将 AF 置 1;如果
AL 的内容大于 9FH,或者 CF 为 1,则将 AL 的内容减 60H,并将 CF 置 1。
例： DAS
标志： AF、CF、PF、SF、ZF 受影响;OF 无意义。
说明： DAS 指令对两个组合的十进制数相减的结果(在 AL 中)进行调整,以获得组合
的十进制结果。

DEC (decrement destination by one)——减 1 操作

操作：　把指定的操作数减 1。

　　　　第一种：寄存器操作数

例：　　DEC　　　AX

　　　　DEC　　　EAX

　　　　DEC　　　EDI

　　　　DEC　　　SI

　　　　第二种：可以是寄存器操作数，也可以是存储器操作数

例：　　DEC　　　BYTE PTR［BX］

　　　　DEC　　　WORD PTR［BX+SI+100］

　　　　DEC　　　BL

　　　　DEC　　　CH

标志：　AF、OF、PF、SF、ZF 受影响；CF 无意义。

说明：　DEC 指令将指定操作数减 1，并将结果送回操作数。

DIV　（division, unsigned）——无符号数的除法

操作：　本指令执行除法。对商为 8 位的无符号数除法，被除数在 AX 中；对商为 16 位的无符号数除法，被除数在 DX 和 AX 中，即把 DX 看成是 AX 的扩展寄存器。除数在指令中指出。DIV 指令被执行后，如果商未超出寄存器范围，则对 8 位无符号数除法，商在 AL 中，余数在 AH 中；对 16 位无符号数除法，商在 AX 中，余数在 DX 中。如果商超出寄存器范围，则看成被 0 除，于是产生除数为 0 的中断，即标志进堆栈，IF 和 TF 清 0，CS 和 IP 的内容进堆栈，然后将 0 段 0、1 两个单元的内容填入 IP，将 2、3 这两个单元的内容填入 CS，而进入 0 号中断的处理程序。

例：　　① 字除以字节，商在 AL 中，余数在 AH 中。

　　　　　MOV　　　AX,5050H

　　　　　DIV　　　BL

　　　　② 字节除以字节，须将被除数扩展成字再除。结果：商在 AL 中，余数在 AH 中。

　　　　　MOV　　　AL,50

　　　　　CBW

　　　　　DIV　　　CL

　　　　③ 双字除以字，用 16 位寄存器时，商在 AX 中，余数在 DX 中；用 32 位寄存器时，商在 EAX 的低 16 位，余数在 EAX 的高 16 位。

　　　　　MOV　　　DX,6060H

　　　　　MOV　　　AX,5050H

　　　　　DIV　　　BX

　　　　　DIV　　　WORD PTR［SI］　　　　;EAX 中双字除以存储器中字，商在 EAX 低

;16 位,余数在 EAX 高 16 位

④ 字除以字,先要将被除数扩展成双字。结果:商在 AX 中,余数在 DX 中。

标志: AF、CF、OF、PF、SF 和 ZF 均无意义。

说明: DIV 指令执行除法运算,要注意的是,在使用 DIV 指令前,被除数必须放在指定的寄存器中,指令执行后,商和余数在指定寄存器中。在所有的除法运算中,标志都是不确定的,因而无意义。

ENTER (enter)——进入过程

操作: 为嵌套过程分配堆栈

例: ENTER 50,2 ;嵌套过程用 50 字节容纳局部变量,嵌

;套级别为 2

ESC (escape)——处理器交权

操作: 当 mod 为 11 时,不操作;当 mod 不为 11 时,操作数送数据总线。

例: ESC EXT_OPCODE,ADRESS ;此处 EXT_OPCODE 是 6 位数,它被分

;为两个 3 位字段进行编码

标志: 不受影响。

说明: ESC 指令在执行期间,只对 1 个存储器操作数进行访问,并将此数放到总线上,协处理器由此取得指令。此指令只用于较低档系统,Pentium 只为向下兼容而保留它。

HLT (halt)——处理器暂停

操作: 没有操作。

例: HLT

标志: 不受影响。

说明: HLT 指令使 CPU 进入暂停状态。当有外部中断或复位操作时,处理器退出暂停状态。

IDIV (integer division, signed)——带符号的整数除法

操作: 如果商为 8 位的带符号整数除法,则被除数放在 AX 中;如果商为 16 位的带符号整数除法,则被除数放在 DX 和 AX 中,除数在指令中指出。除法被执行后,如果商超过保存它的寄存器的范围,则产生 0 号中断,即作为除数为 0 的情况看待;如果商未超出范围,则 8 位的商放在 AL 中,16 位的商放在 AX 中,8 位的余数放在 AH 中,16 位的余数放在 DX 中。

例: ① MOV AX,[BX+200]

IDIV BYTE PTR[DI]

② MOV AX,[1000]

MOV DX,[1002]

IDIV WORD PTR[SI]

标志： AF、CF、OF、PF、SF、ZF 均无意义。

说明： IDIV 被执行时,如果商超出范围,则产生 0 号中断。商超出范围是指正数大于 7FH(8 位)或者 7FFFH(16 位),负数小于 80H(8 位)或者 8000H(16 位)。除法被执行时,所有标志都无意义。对商总是截成整数,而余数的符号总是和除数的符号一样。

IMUL (integer multiply accumulator by register-or-memory; signed)——带符号的整数乘法

操作： 将累加器 AL、AX 或 EAX 的内容乘以指定的操作数,用 16 位寄存器时,乘积在 AX 中或者在 DX:AX 中;用 32 位寄存器时,乘积在 EDX:EAX 中。

例： IMUL   BYTE PTR [BX]

     IMUL   EBX   ;EAX 和 EBX 中数相乘,乘积在 EDX 和 EAX 中

     IMUL   0F0010121H   ;EAX 中数和立即数相乘,结果在 EDX 和 EAX 中

     IMUL   DWORD PTR [EBX] ;EAX 中数和存储器数相乘,结果在 EDX 和 EAX 中

     IMUL   DX,BX,2530   ;BX 和 2530 相乘送 DX

     IMUL   EAX,EDX,100000 ;EDX 中数和 100000 相乘,结果送 EAX

     IMUL   WORD PTR [SI]

标志： CF、OF 受影响;AF、PF、SF、ZF 无意义。

说明： IMUL 指令进行字节乘字节的运算时,有一个乘数必须在 AL 中,另一个乘数由指令指出,16 位的乘积在 AX 中;进行字乘字的运算时,一个乘数在 AX 中,另一个乘数由指令指出,32 位的乘积在 DX 和 AX 中;进行双字乘双字运算时,一个乘数在 EAX 中,另一个由指令指出,64 位乘积在 EDX 和 EAX 中。

IN (input byte and input word)——输入字节或字

操作： 将指定端口的内容输入累加器。

     第一种：直接给出端口号

例： IN   AX,40H   ;将 40H 端口内容送 AL,41H 端口的内容送 AH

     IN   AL,40H   ;将 40H 端口内容送 AL

     第二种：由 DX 给出端口号(事先将端口号放在 DX 中)

例： IN   AX,DX   ;将[DX]和[DX+1]两端口的内容送 AL、AH 中

     IN   AL,DX   ;将[DX]端口的内容送 AL

     IN   EAX,DX   ;将[DX]、[DX+1]、[DX+2]和[DX+3]端口的内容
                                   ;送 EAX

标志： 所有标志不受影响。

说明： 当端口号为 0~255 时,可以在指令中直接指出端口号;当端口号大于 255 时,必须先将端口号传送到 DX 中,再用第二种形式的输入指令执行输入操作。

INC　　（increment destination by 1）——增量

操作：　将指定的操作数加 1。

　　　　　第一种：操作数在寄存器中

例：　　　INC　　　　EAX

　　　　　INC　　　　DI

　　　　　第二种：操作数在寄存器中或存储器中

例：　　　① INC　　　CX

　　　　　　 INC　　　BL

　　　　　② INC　　　BYTE PTR［1000］

　　　　　　 INC　　　WORD PTR［04D2H］

　　　　　　 INC　　　BYTE PTR［DI＋BX＋100］

　　　　　　 INC　　　DWORD PTR［SI＋BP＋200］

标志：　AF、OF、PF、SF、ZF 受影响。

说明：　INC 指令将目的操作数加 1，再送回结果，要特别注意的是 INC 指令不会影响 CF，也就是说，最高位不会产生进位。

INSB　　（input byte string）——输入字节串

操作：　从 DX 所指端口输入字节串到 ES：EDI。

例：　　　INSB

INSD　　（input double word string）——输入双字串

操作：　从 DX 所指端口输入双字串到 ES：EDI。

例：　　　INSD　　　　　　　　　　　　　　　　;输入 1 个双字，若加重复前缀，则可输入给定数量的双字串

INSW　　（input word string）——输入字串

操作：　从 DX 所指端口输入字串到 ES：EDI。

例：　　　INSW

INT　　（interrupt）—— 中断

操作：　中断指令被执行时，标志推入堆栈，IF 和 TF 复位，CS 和 EIP（IP）的内容推入堆栈，堆栈指针减 6（或 4），由中断类型号乘 4 得到中断向量的起始地址，并将中断向量送到 EIP（IP）和 CS 中。

例：　　　① INT　　　3

　　　　　② INT　　　2

　　　　　　 INT　　　67

　　　　　　 IMM　　　EQU　　44

INT　　　IMM

标志：　IF、TF 受影响。

说明：　INT 指令产生一个软件中断。必须注意,INT 指令中的中断类型号必须为立即
数,不能为寄存器数或存储器数；还有,当中断类型号为 3 时,为 1 字节指令,其
他情况下均为 2 字节指令。

INTO　（interrupt if overflow）——溢出中断

操作：　如果 OF 为 0,则 INTO 指令不产生任何操作；如果 OF 为 1,则将标志推入堆
栈,再使 TF 和 IF 为 0,然后把 CS 和 EIP(IP)推入堆栈；在此过程中,堆栈指针
减 10(或 6)。最后,CS 和 EIP(IP)的值为 4 号中断对应的中断向量。

例：　　INTO

标志：　IF 和 TF 标志受影响。

说明：　只有在 OF 为 1 时,INTO 指令才执行类型号为 4 的中断,如果 OF 为 0,则
INTO 指令不执行任何操作,继而进入对下一条指令的执行。

INVD　Cache 清除指令

操作：　清除片内 Cache 中内容,并启动外部电路清除外部 Cache 中内容。

例：　　INVD

INVLPG　清除 TLB 指令

操作：　清除 TLB 中的某个项。

例：　　INVLPG　　　m　　　　　　　　　;清除 m 所指的 TLB 的当前项,m 可为 0~31

IRET　（interrupt return）——中断返回

操作：　将堆栈顶部 4(或 2)单元的内容弹出到 EIP(或 IP),ESP(或 SP)加 4(或 2),再将
新栈顶两单元的内容弹出到 CS,ESP(或 SP)加 2,最后,又将新栈顶 4(或 2)单元
的内容弹出到标志寄存器,SP 再加 4(或 2)。

例：　　IRET

标志：　所有标志受影响。

说明：　IRET 指令被执行时,从堆栈中弹出 EIP(或 IP)、CS、标志寄存器的值,这些值是
进入中断处理子程序时保留到堆栈中去的,在 IRET 指令被执行过程中,堆栈指
针加 10(或 6)。

IRETD　（interrupt return with double word）——中断返回

操作：　中断返回,返回地址为 32 位。

例：　　IRETD

标志：　所有标志受影响。

JA/JNBE (jump if not below nor equal, or jump if above)——高于/不低于也不等于
则转移

操作： 如果 CF 和 ZF 均为 0,则转移;如果 CF 为 1 或者 ZF 为 1,则不转移而顺序执行
下一条指令。

例： JA ABC

JNBE STST

标志： 所有标志不受影响。

说明： JA 和 JNBE 是一条指令的两种形式。要求指令中的转移地址在距本指令
-128~+127 范围内,如果超出此范围,则作为指令格式错误处理。

JAE/JNB (jump if not below,or jump if above or equal)——高于或等于/不低于则转移

操作： 如果 CF 为 0,则转移;如果 CF 为 1,则不转移而执行下一条指令。

例： JAE ABC

JNB XYZ

标志： 所有标志不受影响。

说明： JAE 和 JNB 是一条指令的两种形式。要求指令中的转移地址在-128~+127
范围内(相对转移)。

JB/JNAE (jump if below, or jump if not above nor equal)——低于/不高于也不等于
则转移

操作： 如果进位标志 CF 为 1,则产生转移;如果 CF 为 0,则不转移而执行下一条指令。

例： JNAE DAT

JB ABC

标志： 所有标志不受影响。

说明： 本指令用于判断两个无符号数比较结果,从而产生程序分支。操作码后面的地
址必须在本指令前后-128~+127 范围内。

JBE/JNA (jump if below or equal, or jump if not above)——低于或等于/不高于则
转移

操作： 如果 CF 或 ZF 中任一个为 1,则产生转移;如果 CF 和 ZF 均为 0,则不产生转移。

例： JBE LABEL1

JNA KKK

标志： 所有标志不受影响。

说明： 指令中的地址应在-128~+127 范围内(相对转移)。

JC (jump if carry)——有进位则转移

操作： 如果进位标志 CF 为 1,则转移;如果进位标志 CF 为 0,则不转移而执行下一条
指令。

例： JB   ABC
     JNAE   LABEL1
     JC   ABCD
标志： 所有标志不受影响。
说明： JB 和 JNAE 是一条指令的两种形式,这一条指令产生转移的条件和 JC 指令一样,也是 CF 为 1。要求指令中的转移地址在－128～＋127 范围内(相对转移)。

JCXZ (jump if CX is zero)——CX 为 0 则转移
操作： 如果计数寄存器 CX 为 0,则产生转移。
例： JCXZ   LABEL1
标志： 所有标志不受影响。
说明： 如果 CX 的内容为 0,则产生转移。要求转移地址在－128～＋127 范围内(相对转移)。

JE/JZ (jump if equal,jump if zero)——相等或为 0 则转移
操作： 当 ZF 为 1 时,则产生转移;如果 ZF 为 0,则不产生转移,而顺序执行下一条指令。
例： ①   CMP   CX,DX
            JE   LAB
            INC   CX   ;只有当 CX≠DX 时,CX 才加 1
     LAB:
              ⋮
        ②   SUB   AX,BX
            JZ   EXACT
              ⋮
        EXACT: ;只有当 AX＝BX 时,才转到这里
标志： 所有标志不受影响。
说明： 只有在前面的操作使 ZF 为 1 时,才产生转移,注意转移地址在－128～＋127 范围内(相对转移)。

JECXZ (jump on ECX zero)——如 ECX 中内容为 0 则转移
例： JECXZ   KKK

JG/JNLE (jump if not less nor equal, or jump if greater)——大于/不小于也不等于则转移
操作： 如果 ZF 为 0 且 SF＝OF(即两者都为 0 或都为 1),则产生转移;如果 ZF 为 1 或者 SF≠OF,则不产生转移。
例： JG   TAB

　　　　　　　JNLE　　　　TAB

标志：　所有标志不受影响。

说明：　要求 JG/JNLE 指令中的地址在 $-128 \sim +127$ 范围内（相对转移）。

JGE/JNL　　（jump if not less, or jump if greater or equal）——大于或等于/不小于则转移

操作：　如果 SF＝OF,则产生转移;如果 SF≠OF,则不产生转移。

例：　　JGE　　　LABEL1

　　　　JNL　　　TAB

标志：　所有标志不受影响。

说明：　指令中的转移地址必须在 $-128 \sim +127$ 范围内（相对转移）。

JL/JNGE　　（jump on less, or jump on not greater nor equal）——小于/不大于也不等于则转移

操作：　在符号标志 SF 和溢出标志 OF 不相等时,产生转移;反之,若 SF＝OF,则不转移,而执行下一条指令。

例：　　JL　　　ABC

　　　　JNGE　　GESTART

标志：　所有标志不受影响。

说明：　指令中的转移地址必须在 $-128 \sim +127$ 范围内（相对转移）。

JLE/JNG　　（jump if less or equal, or jump if not greater）——小于或等于/不大于则转移

操作：　如果 ZF 不为 0 或者 SF≠OF,则产生转移;如果 ZF 为 0 且 SF＝OF,则不转移而执行下一条指令。

例：　　JLE　　　XYZ

　　　　JNG　　　DATAMOVE

标志：　所有标志不受影响。

说明：　这条指令用于对两个有符号数的比较结果作判断,再产生程序分支。要注意指令中的转移地址必须在 $-128 \sim +127$ 范围内。

JMP　　（jump）——无条件转移指令

操作：　在任何情况下均产生转移,可以为段内直接转移、段内间接转移、段间直接转移、段间间接转移。

　　　　第一种：段内直接转移

例：　　JMP　　　ABC

　　　　第二种：段内间接转移

例： JMP   DWOR DPTR［BX＋SI］

      JMP   WORD PTR［BX＋DI］

      JMP   AX

      第三种：段间直接转移

例： JMP   FAR PTR LABEL_NAME

      第四种：段间间接转移

例： JMP   DWORD PTR［BX＋SI］

标志： 所有标志不受影响。

说明： 如果是直接无条件转移指令，则转移地址直接为操作码后面的内容；如果是间接无条件转移指令，则操作码后面的内容间接指出转移地址。

JNA/JBE   （jump if below or equal，or jump if not above）——不高于/低于或等于则转移

操作： 当进位标志 CF 或零标志 ZF 为 1 时，则产生转移；当 CF 和 ZF 均为 0 时，不产生转移。

例： JNA   ALABEL1

      JBE   ABC

标志： 所有标志不受影响。

说明： 本指令用于判断两个无符号数的比较结果，从而产生程序分支。操作码后面的转移地址必须在 $-128 \sim +127$ 范围内。

JNAE/JB   （jump if below or jump if not above nor equal）——不高于且不等于/低于则转移指令

操作： 如果进位标志 CF 为 1，则产生转移；如果 CF 为 0，则不转移而执行下一条指令。

例： JNAE   DAT

      JB   ABC

标志： 所有标志不受影响。

说明： 本指令用于判断两个无符号数比较结果，从而产生程序分支。操作码后面的地址必须在本指令前后 $-128 \sim +127$ 范围内。

JNB/JAE/JNC   （jump if not below，or jump if above or equal，or jump if no carry）——不低于/高于或等于/进位标志为 0 则转移

操作： 如果进位标志 CF 为 0，则产生转移；如果 CF 不为 0，则不转移而顺序执行下一条指令。

例： JNB   LABEL1

      JAE   LABEL2

      JNC   LABEL3

标志： 所有标志不受影响。

说明： 本指令用于判断两个无符号数比较结果，由此产生程序分支。要求转移地址在离本指令－128～＋127 范围内。

JNBE/JA （jump if not below nor equal）——不低于也不等于则转移

操作： 如果进位标志 CF 和零标志 ZF 均为 0，则转移；如果 CF 为 1 或 ZF 为 1，则不产生转移。

例： JNBE LABEL4

JA TAB

标志： 所有标志不受影响。

说明： JNBE 指令和 JA 指令等同，用于判断两个无符号数的比较结果。转移地址必须在离本指令的－128～＋127 范围内。

JNE/JNZ （jump if not equal，or jump if not zero）——不等于/不为 0 转移

操作： 如果标志 ZF 为 0，则转移；反之，如果 ZF 为 1，则执行下一条指令。

例： JNE TARGET1

JNZ TARGET2

标志： 所有标志不受影响。

说明： 要求转移地址在离本指令－128～＋127 范围内。

JNG/JLE （jump if not greater，or jump if less or equal）——不大于/小于或等于则转移

操作： 如果零标志 ZF 为 1 或者 SF≠OF，则产生转移；如果 ZF 为 0 且 SF＝OF，则不转移。

例： JNG LABEL1

JLE TARG

标志： 所有标志不受影响。

说明： 要求操作码后面的转移地址在离本指令－128～＋127 范围内。

JNGE/JL （jump if less，or jump if not greater nor equal）——不大于且不等于/小于则转移

操作： 如果 SF≠OF，则产生转移；如果 SF＝OF，则不转移。

例： JNGE LABEL2

JL INTER

标志： 所有标志不受影响。

说明： 本指令用于对两个有符号数的比较结果进行判断，产生程序分支。要求转移地址距离本指令－128～＋127 范围内。

JNL/JGE （jump if not less，or jump if greater or equal）——不小于/大于或等于则转移

操作：　如果 SF＝OF，则产生转移；如果 SF≠OF，则不转移而顺序执行下一条指令。

例：　　JNL　　　TARGET1

　　　　JGE　　　TARGET2

标志：　任何标志不受影响。

说明：　本指令用于判断两个有符号数比较结果，产生程序分支。要求转移地址在离本指令－128～＋127 范围内。

JNLE/JG　（jump if not less nor equal，or jump if greater）——不小于也不等于/大于则转移

操作：　如果零标志 ZF 为 0 且 SF＝OF，则转移；如果 ZF 为 1 或者 SF≠OF，则不转移而顺序执行下一条指令。

例：　　JG　　　　TABL1

　　　　JNLE　　　TABL2

标志：　所有标志不受影响。

说明：　本指令用于判断两个有符号数的比较结果，产生程序分支。要求转移地址在离本指令－128～＋127 范围内。

JNO　（jump on not overflow）——无溢出则转移

操作：　如果溢出标志 OF 为 0，则产生转移；如果 OF 为 1，则不转移而顺序执行下一条指令。

例：　　JNO　　　ABC

标志：　所有标志不受影响。

说明：　如果运算未产生溢出，则转移。要求转移地址必须在离本指令－128～＋127 范围内。

JNP/JPO　（jump on no parity，or jump if parity odd）——无奇偶性/奇偶性为奇则转移

操作：　如果奇/偶标志 PF 为 0，则产生转移；如果 PF 为 1，则不转移而顺序执行下一条指令。

例：　　JNP　　　LABEL1

　　　　JPO　　　LABEL2

标志：　所有标志不受影响。

说明：　要求转移地址在离本指令－128～＋127 范围内。

JNS　（jump on no sign，jump if positive）——符号标志为 0 则转移

操作：　如果符号标志 SF 为 0，则产生转移；如果 SF 为 1，则不转移而顺序执行下一条指令。

例：　　JNS　　　TARGET

标志：　所有标志不受影响。

说明：　要求转移地址在离本指令－128～＋127 范围内。

JO　　(jump on overflow)——溢出则转移

操作：　如果溢出标志 OF 为 1,则转移；如果 OF 为 0,则不转移而顺序执行下一条
　　　　指令。

例：　　JO　　　　TARGET

标志：　所有标志不受影响。

说明：　要求转移地址在离本指令－128～＋127 范围内。

JP/JPE　　(jump on parity, or jump if parity even)——奇偶标志为 1/奇偶性为偶则
　　　转移

操作：　如果奇偶标志 PF 为 1,则转移；如果 PF 为 0,则不转移而顺序执行下一条指令。

例：　　JP　　　　TARGET

　　　　JPE　　　LABEL1

标志：　所有标志不受影响。

说明：　要求转移地址在离本指令－128～＋127 范围内。

JPO/JNP　　(jump on no parity, or jump if parity odd)——奇偶性为奇/无奇偶性则
　　　转移

操作：　如果奇偶标志 PF 为 0,则转移；如果 PF 为 1,则不转移而顺序执行下一条指令。

例：　　JPO　　　LABEL2

　　　　JNP　　　TARGET

标志：　所有标志不受影响。

说明：　转移地址必须在离本指令－128～＋127 范围内。

JS　　(jump on sign)——符号标志为 1 则转移

操作：　如果符号标志 SF 为 1,则转移；否则,执行下一条指令。

例：　　JS　　　　TARGET

标志：　所有标志不受影响。

说明：　要求转移地址在离本指令－128～＋127 范围内。

JZ/JE　　(jump if equal, jump if zero)——为 0/相等则转移

操作：　如果零标志 ZF 为 1,则转移；否则,执行下一条指令。

例：　　①　　　　CMP　　　CX,DX

　　　　　　　　　JE　　　　LAB

　　　　　　　　　INC　　　CX

　　　LAB:

$$\vdots$$

②   SUB   AX,BX

           JZ   EXACT

EXACT：$\vdots$

标志： 所有标志不受影响。

说明： 本指令用来判断两数比较结果,如果两数相等,则转移。要求转移地址在离本指令−128～+127 范围内。

LAHF   (load AH from flags)——取标志到 AH 寄存器

操作： 将标志传送到 AH 寄存器中。

例： LAHF

标志： 所有标志不受影响。

说明： LAHF 指令传送标志时,第 1、3、5 位的值不确定。

LAR   (load access rights)——取访问权

操作： 将 2 字节选择子中的访问权装入目的寄存器。

例：   LAR   BX,SELECTOR   ;访问权装入目的寄存器的高字节,低字节清 0

LDS   (load data segment register)——取地址送数据段寄存器

操作： 将多字节地址高 16 位送 DS,低 32(或 16)位送指定寄存器。

例：   LDS   BX,[SI+100]

        LDS   SI,[BX+500]

        LDS   EBX,MEMLOC   ;将 MEMLOC 开始的 6 字节地址指针送 DS

                                           ;和 EBX

标志： 所有标志不受影响。

说明： LDS 指令把源操作数提供的多字节送到一对寄存器,高 16 位作为段地址送 DS,低 32(或 16)位作为偏移地址送目的操作数寄存器。

LEA   (load effective address)——取有效地址

操作： 把变量、标号或表达式的偏移地址送指定寄存器。

例：   LEA   BX,TABLE

        LEA   DX,[BX+SI+100]

        LEA   AX,[BP+DI]

        LEA   ESI,[EBX+EDI+10]

        上面最后一条指令相当于下面 3 条指令:

        MOV   ESI,10

        ADD   ESI,EBX

        ADD   ESI,EDI

标志：　所有标志不受影响。

说明：　LEA 指令将源操作数的偏移地址送到目的操作数,要求源操作数必须为存储器
　　　　操作数,目的操作数必须为通用寄存器操作数。

LEAVE　　(leave procedure)——退出过程

操作：　释放过程所占用的空间,恢复堆栈指针。

例：　　LEAVE

LES　　(load extra-segment register)——取地址送扩展段寄存器

操作：　把双倍字长的地址高 16 位送 ES,低 32(或 16)位送指定寄存器。

例：　　LES　　　BX,[SI+100]

　　　　LES　　　DI,[BX+50]

　　　　LES　　　EDI,MEMLOC　　　　　;将 MEMLOC 开始的 6 字节地址指针送 ES 和 EDI

标志：　所有标志不受影响。

说明：　LES 指令把源操作数提供的多字节送到一对寄存器,高 16 位作为段地址送 ES,
　　　　低 32(或 16)位作为偏移地址送目的操作数寄存器。

LFS　　(load pointer to FS)——取地址送扩展段寄存器

例：　　LFS　　　SI,MEM_DWORD　　　;双字长地址送 FS 和 SI

　　　　LFS　　　EDX,MEMLOC　　　　;将 MEMLOC 开始的 6 字节地址指针送 FS 和 EDX

LGDT　　(load global descriptor table register)——装入全局描述符表寄存器

例：　　LGDT　　[SI]　　　　　　　;将存储器中 6 字节的地址送 GDT 寄存器,其中
　　　　　　　　　　　　　　　　　;32 位基址,16 位界限值

LGS　　(load pointer to GS)——取地址送扩展段寄存器

例：　　LGS　　　DI,MEM_DWORD

　　　　LGS　　　ESI,MEMLOC　　　　;将 MEMLOC 开始的 6 字节地址指针送 GS 和 ESI

LIDT　　(load interrupt descriptor table register)——装入中断描述符表寄存器

例：　　LIDT　　[BP]　　　　　　　;将内存中 6 字节装入 IDT 寄存器,其中 32 位基址,
　　　　　　　　　　　　　　　　　;16 位界限值

LLDT　　(load local descriptor table register)——装载描述符表寄存器

操作：　局部描述符表对应的 2 字节选择子装入 LDT 寄存器。

例：　　LLDT　AX　　　　　　　　　;将 AX 中内容送 LDT 寄存器

LMSW　　(load machine status word)——装入机器状态字

例： LMSW ［ESP］ ;将堆栈指针所指的栈顶 2 字节送 CR$_0$ 低 16 位

LOCK （lock）——总线锁定前缀

操作： 锁住总线。

例： LOCK

标志： 所有标志不受影响。

说明： LOCK 可放在指令前作为前缀,它使 CPU 在指令执行期间保持总线锁定信号
LOCK 为低电平,以实现对共享资源的强迫控制。例如,下列程序段用 LOCK
前缀实现软件锁定,以完成 AL 和内存单元 Sema 之间的交换:

```
CHECK: MOV    AL,1              ;AL 置 1
       LOCK
       XCHG   Sema,AL           ;AL 和 Sema 单元交换
       TEST   AL,AL             ;根据 AL 置标志
       JNZ    CHECK             ;若 Sema 单元已置位,则重测
       ⋮
       MOV    Sema,0            ;完成时,将 Sema 置 0
```

LODSB/LODSW/LODSD （load byte,word string or double word string ）——取字节串/
字串/双字串

操作： 将源操作数提供的字节（字或双字）取到 AL (AX 或 EAX)。如果方向标志 DF
为 0,则 ESI(SI)加 1（加 2 或 4）;如果 DF 为 1,则 ESI(SI)减 1（减 2 或减 4）。

例： ① AAA：CLD   ;使 DF 为 0
```
         MOV    SI,OFFSET ABC      ;SI 指向首地址
         LODSB                     ;从 SI 所指单元取 1 字节,且 SI 加 1
    ② BBB：STD                        ;使 DF 为 1
         MOV    SI,OFFSET ADDR     ;SI 指向首地址
         LODSW                     ;从 SI 所指单元取 1 字,且 SI 减 2
         LODSD                     ;从 SI 所指单元取双字,且 ESI(SI)减 4
```

标志： 所有标志不受影响。

说明： 用 LODSB、LODSW 或 LODSD 指令时,要求 ESI(SI)指向字节串或字串的首地
址。每次重复执行指令会把累加器的内容冲掉,因此,这两条指令只用于循环程
序中,而不加重复前缀。

LOOP （loop, or iterate instruction sequence until count complete）——循环或迭代
控制

操作： 先使计数寄存器 ECX(或 CX)减 1,如 ECX(或 CX)中新的值不为 0,则转移,否
则执行下一条指令。

例： MOV   AX,0

```
        MOV     BX,1
        MOV     CX,N
        MOV     DI,AX
FIB：    MOV     SI,AX
        ADD     AX,BX
        MOV     BX,SI
        MOV     WORD PTR［DI＋100］,AX
        INC     DI
LL：     LOOP    FIB
```

标志： 所有标志不受影响。

说明： LOOP 指令先将 ECX(或 CX)的内容减 1,若 ECX(或 CX)中新的值不为 0,则转移,否则执行下一条指令。要求转移地址在离本指令－128～＋127 范围内。

LOOPE/LOOPZ　(loop on equal, or loop on zero)——相等/为 0 则循环

操作： 先使计数寄存器 ECX(或 CX)减 1,如果零标志 ZF 为 1,且 ECX(或 CX)的值不为 0,则产生转移；如果 ZF 为 0 或者 ECX(或 CX)为 0,则不产生转移,而执行下一条指令。

例： 下列程序段在一个数组中找第一个非零项。

```
        MOV     CX,20            ;数组长度
        MOV     SI,－1
NEXT：   INC     SI
        CMP     WORD PTR［SI＋100］,0  ;是否此项为 0
        LOOPE   NEXT
        JNE     OKENT            ;找到非 0 项,转移
        ⋮                        ;如整个数组全为 0,则后续
                                 ;处理
OKENT：  ⋮                        ;找到非零项后进行后续
                                 ;处理
```

标志： 所有标志不受影响。

说明： 要求转移地址在离本指令－128～＋127 范围内。

LPOONE/LOOPNZ　(loop on not zero, or loop on not equal)——不相等/不为 0 则循环

操作： 先把计数寄存器 CX 内容减 1,如果 CX 中的新值不为 0,且零标志 ZF 为 0,则转移;如果 CX 为 0 或者 ZF 为 1,则执行下一条指令。

例： 下面程序段求两个数组之和,每个数组长度为 N。如遇到两个数组中的元素都为 0,则停止求和。

```
        MOV     AX,0
```

```
                    MOV        SI,−1
                    MOV        CX,N
          NONZER：   INC        SI
                    MOV        AL,[SI+ADDR1]
                    ADD        AL,[SI+ADDR2]
                    MOV        BYTE PTR [SI],AL
                    LOOPNZ     NONZER
```

标志： 所有标志不受影响。

说明： 要求转移地址在离本指令−128～+127 范围内。

LSL （load segment limit）——装入描述符的段界限值

例： LSL   AX,SELECT   ;将 SELECT 选择子所对应的
                                       ;描述符的界限值送 AX

LSS （load pointer to SS）——取地址送堆栈段寄存器

例： LSS   ESP,MEM_1   ;将 6 字节地址送 SS 和 ESP

LTR （load task register）——16 位的任务状态段选择子装入 TR 寄存器

例： LTR   MEM_WORD

MOV （move）——传送指令

操作： 将源操作数送目的操作数。

　　　　第一种：从累加器到存储器的数据传送

例： MOV   WORD PTR [1000],AX

　　　MOV   CS:[BX+SI+100],AX

　　　　第二种：从存储器到累加器的数据传送

例： MOV   AX,[BX]

　　　MOV   AX,ES:[BX+SI+100]

　　　　第三种：从存储器/寄存器到段寄存器的数据传送

例： MOV   ES,DX

　　　MOV   DS,AX

　　　MOV   SS,BX

　　　MOV   ES,SS:[DI+100]

　　　注意：不能往 CS 中传送数据

　　　　第四种：从段寄存器到存储器/寄存器的数据传送

例： MOV DX,DS
　　MOV BX,ES
　　MOV WORD PTR [BX+SI+200],SS
　　MOV BX,CS

第五种：① 从寄存器到寄存器的数据传送
　　　　② 从存储器/寄存器到寄存器的数据传送
　　　　③ 从寄存器到存储器/寄存器的数据传送

例： ① MOV EAX,EBX
　　　　MOV CL,DH
　　　　MOV CX,DI
　　② MOV DX,[SI+100]
　　　　MOV DI,[BX+DI+200]
　　③ MOV DWORD PTR [DI],EDX
　　　　MOV WORD PTR [BX+SI+100],DI

第六种：立即数到寄存器的数据传送

例： MOV AX,77
　　MOV DI,7952

第七种：立即数到存储器/寄存器的数据传送

例： MOV WORD PTR [BX+SI+500],1000
　　MOV BYTE PTR [DI],66
　　MOV BX,84
　　MOV DS:[BP],3820

标志： 所有标志不受影响。

说明： 注意 MOV 指令在任何情况下均不影响标志。

MOV CRn,r （move to control register）——对控制寄存器赋权

操作： 对 CRn 赋权,CRn 只能是 CR_0、CR_2、CR_3 和 CR_4,r 为 32 位通用寄存器。

例： MOV CR2,EAX

MOV r,CRn （move from control register）——从控制寄存器取权

操作： 将 CRn 中的权传输到通用寄存器 r,CRn 只能是 CR_0、CR_2、CR_3 和 CR_4,r 为 32 位通用寄存器。

例： MOV EBX,CR0

MOV DRn,r （move to debug register）——对调试寄存器赋权

操作：　对调试寄存器 DRn 赋权，DRn 只能是 $DR_0 \sim DR_3$、DR_6、DR_7，r 为 32 位通用寄存器。

MOV　　r，DRn　　（move from debug register）——从调试寄存器取权

操作：　将 DRn 中的权传输到通用寄存器 r，DRn 只能是 $DR_0 \sim DR_3$、DR_6、DR_7，r 为 32 位通用寄存器。

MOV　　TRn，r　　（move to test register）——对测试寄存器赋权

操作：　对测试寄存器 TRn 赋权，TRn 只能是 TR_6、TR_7，r 为 32 位通用寄存器。

例：　　MOV　　　　TR6，EDX

MOV　　r，TRn　　（move from test register）——从测试寄存器取权

操作：　将 TRn 中的权传输到寄存器 r，TRn 只能是 TR_6、TR_7，r 为 32 位通用寄存器。

例：　　MOV　　　　EBP，TR7

MOVSB/MOVSW/MOVSD　　（move byte string/move word string/ move double word string）——字节串/字串/双字串的传送

操作：　将源字节串（字串或双字串）传送给目的字节串（字串或双字串）。源串地址由 DS:ESI（或 SI）提供，目的串地址由 ES:EDI（或 DI）提供。传送过程中，如方向标志 DF 为 0，则 ESI（或 SI）和 EDI（DI）作自动增量变化，即每传送 1 字节，自动加 1；每传送 1 个字，自动加 2；而每传送 1 个双字，自动加 4。如 DF 为 1，则 ESI（SI）和 EDI（DI）作自动减量变化，即每传送 1 字节，自动减 1；每传送 1 个字，自动减 2；而每传送 1 个双字，自动减 4。

例：　　REP　　　　MOVSB

　　　　REPNZ　　MOVSW

　　　　REPE　　　MOVSD

标志：　所有标志不受影响。

说明：　使用 MOVSB 或 MOVSW 指令时，要注意源串在数据段中，目的串在扩展段中，这是一种约定，使用时须遵守。

MOVSX　　（move with sign extension）——按符号扩展传送

例：　　MOVSX　　AX，CL　　　　　　　　　;CL 中数符号扩展后送 AX

　　　　MOVSX　　EBX，DX　　　　　　　　;DX 中数符号扩展后送 EBX

　　　　MOVSX　　EBP，MEM_WORD　　　;MEM_WORD 单元中数符号扩展后送 EBP

MOVZX　　（move with zero extension）——按零扩展传送

例：　　MOVZX　　EAX，SI　　　　　　　　;SI 中数零扩展后再送 EAX

MOVZX	ECX,MEM_WORD	;MEM_WORD 中数零扩展后送 ECX
MOVZX	ECX,DL	;DL 中数零扩展后送 ECX

MUL （multiply accumulator by register-or-memory；unsigned）——无符号数的乘法

操作： 用指定的操作数和累加器中数（若为字节，则为 AL；若为字，则为 AX；若为双字，则为 EAX）相乘，对于两个 8 位无符号数的乘法，16 位的乘积在 AH 和 AL 中，以此类推，32 位的乘积在 DX 和 AX 中，64 位的乘积在 EDX 和 EAX 中。如果乘积高位不为 0，则 CF 和 OF 为 1。

例：
① MOV AL,79
  MUL BL   ;结果在 AX 中
② MOV AX,4962
  MUL CX   ;结果在 DX 和 AX 中
③ MOV AL,67
  CBW   ;将字节转换为 AX 中的字
  MUL WORD PTR [DI]

标志： CF、OF 受影响，AF、PF、SF、ZF 不受影响。

说明： 无符号数乘法必须为字节乘字节、字乘字或双字乘双字。如果为字节乘字，则必须先将字节扩展为字，以此类推。

NEG （negate，or form 2's complement）——求补码

操作： 从全 1（对字节为 0FFH，对字为 0FFFFH，对双字为 0FFFF FFFFH）的操作数中减去指定的操作数，再加 1，并将结果存回指定的操作数。

例：
① 如果 AL 中数为 13H(00010011)，则指令 NEG AL 使 AL 的内容变为 0EDH(11101101)。
② 如果 SI 中数为 2FC3H，则指令 NEG SI 使 SI 中的内容变为 0D03DH。
③ 如果 BX 所指单元中的数为 0AFH(10101111)，则指令 NEG BYTE PTR [BX]使此单元中内容变为 51H(01010001)。

标志： 影响 AF、CF、OF、PF、SF、ZF。

说明： NEG 指令用来求一个数的补码。

NOP （no operation）——空操作指令

例： NOP

说明： NOP 指令使 CPU 执行空操作，每条 NOP 指令用 3 个时钟周期，NOP 指令执行完后，接着执行后续指令。

NOT （not，or form 1's complement）——求反码或者求逻辑非

操作： 从全 1（对字节为 0FFH，对字为 0FFFFH，对双字为 0FFFF FFFFH）操作数中

减去指定的操作数,并将结果送回。

例： ① 如果 AH 中的内容为 13H(00010011),则指令 NOT AH 使 AH 中变为 0ECH
(11101100)。

② 如果 SI 所指的一个内存单元中的数为 0AFH(10101111),则指令 NOT
BYTE PTR [SI]使此单元中内容变为 50H(01010000)。

③ 如果 DX 中为 2FC3H,则指令 NOT DX 使 DX 中内容变为 0D0C3H。

标志： 所有标志不受影响。

说明： NOT 指令用来求操作数的反码。

OR (or，inclusive)——逻辑或

操作： OR 指令对两个操作数进行按位或操作,并将结果送回目的操作数位置。如果
对应位均为 1,则结果为 1,否则为 0。

第一种：存储器/寄存器与寄存器操作

例： ① OR   AH,BL

OR   CX,DI

OR   EAX，EBX

② OR   AX，[SI]

OR   ECX，[EBX+EDI]

③ OR   WORD PTR [DI]，BX

OR   DWORD PTR [EBX+EDI]，EAX

第二种：立即数与累加器操作

例： ① OR   AL,0F6H

② OR   AX,23F6H

第三种：立即数与存储器/寄存器操作

例： ① OR   AH,0F6H

OR   CL,37

OR   DI,2561H

② OR   WORD PTR [BX+DI+100],0FACEH

OR   BYTE PTR [DI],3FH

标志： 影响 CF、OF、PF、SF、ZF；AF 不确定。

说明： OR 操作后,结果在目的操作数中,而源操作数不变。

OUT (output byte and output word)——输出字节和字

操作： 将累加器中的内容输出到指定端口。

第一种：端口号直接给出

例：　　　OUT　　　　44,AL

　　　　　OUT　　　　58,AX

　　　　　第二种：端口号间接给出

例：　　　OUT　　　　DX,AL

　　　　　OUT　　　　DX,AX

标志：　　所有标志不受影响。

说明：　　用直接寻址的输出指令时,端口号可为 0～255;用间接寻址的输出指令时,DX
　　　　　中的端口号可为 0～65 535。

OUTSB　　（output byte string）——输出字节串

操作：　　进行字节串输出,首地址由 DS:ESI 或 DS:SI 指出,ECX(或 CX)作计数器,地址
　　　　　指针随 DF 为 0 或 1 作增减 1 修改。

例：　　　OUTSB

　　　　　REP　　　　　OUTSB

OUTSD　　（output double word string）——输出双字串

操作：　　类同 OUTSB,只是地址修改量为 4。

例：　　　OUTSD

　　　　　REPNZ　　　　OUTSD

OUTSW　　（output word string）——输出字串

操作：　　类同 OUTSB,只是地址修改量为 2。

例：　　　OUTSW

　　　　　REPZ　　　　　OUTSW

POP　　（pop word off stack into destination）——从堆栈中弹出字

操作：　　将堆栈顶部 2 或 4 字节弹出,堆栈指针 ESP(或 SP)加 2 或加 4。

　　　　　第一种：弹出到通用寄存器

例：　　　POP　　　　　CX

　　　　　POP　　　　　EDX

　　　　　第二种：弹出到段寄存器

例：　　　POP　　　　　SS

　　　　　POP　　　　　DS

　　　　　第三种：弹出到存储器/寄存器

例： POP   DWORD PTR［EBX］

标志： 所有标志不受影响。

说明： POP 指令弹出偶数字节,不能弹出奇数字节。此外,POP CS 是非法指令。

POPA （pop all）——从堆栈弹出以恢复所有 16 位通用寄存器

操作： 依次恢复 DI、SI、BP、SP、BX、DX、CX、AX。

例： POPA

POPAD （pop all double registers）——从堆栈弹出以恢复所有 32 位通用寄存器

操作： 依次恢复 EDI、ESI、EBP、ESP、EBX、EDX、ECX、EAX。

例： POPAD

POPFD （pop flag double words）——从堆栈弹出双字到 32 位标志寄存器,ESP 加 4

例： POPFD

POPF （pop flags off stack）——将标志弹出

操作： 将栈顶的标志弹出送 16 位标志寄存器,然后 SP 加 2。

例： POPF

标志： 影响所有标志。

说明： POPF 指令将原先存入栈顶的标志传送到标志寄存器。

PUSH （push word onto stack）——将 1 个字推入堆栈

操作： 将指定的操作数内容推入堆栈,且栈指针 ESP(或 SP)减 2 或减 4。

第一种：通用寄存器内容入堆栈

例： PUSH   EAX

PUSH   SI

第二种：段寄存器内容入堆栈

例： PUSH   SS

PUSH   ES

第三种：存储器/寄存器内容入堆栈

例： PUSH   WORD PTR［BX］

PUSH   DWORD PTR［BX＋DI＋100］

标志： 所有标志不受影响。

说明： PUSH 指令总是把 4 或 2 字节一起推入堆栈,因此,像 PUSH AL 这样的指令是
非法的。此外,CS 的值不能推入堆栈,即 PUSH CS 也是非法的。

PUSHA （push all）——将全部 16 位通用寄存器推入堆栈

操作： 依次将 AX、CX、DX、BX、SP、BP、SI、DI 推入堆栈。

例： PUSHA

PUSHAD （push all double words register）——将全部 32 位通用寄存器推入堆栈

操作： 依次将 EAX、ECX、EDX、EBX、ESP、EBP、ESI、EDI 推入堆栈。

例： PUSHAD

PUSHFD （push flag double words）——将双字标志推入堆栈

操作： 将 32 位标志寄存器内容推入堆栈

例： PUSHFD

PUSHF （push flags onto stack）——将 16 位标志推入堆栈

操作： 堆栈指针 SP 的值减 2，并将 16 位标志寄存器的内容推入堆栈。

例： PUSHF

标志： 所有标志不受影响。

说明： PUSHF 使 16 位的标志寄存器的内容入栈。

RCL （rotate left through carry）——带进位位循环左移

操作： 本指令使指定操作数连同进位标志 CF 一起循环左移，左移次数由 CL 中的值决
定，如果只左移 1 位，则指令中可用 1 直接指出。

例： ① RCL　　　AH,1
　　　 RCL　　　BL,1
　　　 RCL　　　CX,1
　　② RCL　　　BYTE PTR [DI+100],1
　　　 RCL　　　DWORD PTR [BX+DI+50],1
　　③ MOV　　　CL,3
　　　 RCL　　　DH,CL
　　　 RCL　　　AX,CL
　　④ MOV　　　CL,6
　　　 RCL　　　BYTE PTR [BX+DI+100],CL

标志： 影响 OF 和 CF。

说明： 当只移 1 位时，指令中可直接用 1 指出；当移若干位时，必须先在 CL 中设置移位
次数。如果只移 1 位，且初始操作数最高 2 位不等（1 个为 0,1 个为 1），则溢出
标志 OF 为 1；如果初始操作数最高 2 位相等，则 OF 为 0。如果移若干位，则 OF
不确定。

RCR （rotate right through carry）——带进位位循环右移

操作： 本指令使指定操作数连同进位标志 CF 一起循环右移，右移次数由 CL 中的值决定，如果只右移 1 位，则指令中可用 1 直接指出。

例： ① RCR　　AH,1

　　　　RCR　　BL,1

　　　　RCR　　CX,1

　　　② RCR　　BYTE PTR [DI],1

　　　　RCR　　DWORD PTR [BX+DI+100],1

　　　③ MOV　　CL,3

　　　　RCR　　DH,CL

　　　　RCR　　EAX,CL

　　　④ MOV　　CL,6

　　　　RCR　　BYTE PTR [DI],CL

　　　　RCR　　WORD PTR [BX+DI+100],CL

标志： 影响 CF、OF。

说明： 如果只右移 1 位，且初始操作数最高 2 位不等（1 个为 0，1 个为 1），则溢出标志 OF 为 1。如果初始操作数最高 2 位相等，则 OF 为 0。如果右移若干位，则 OF 不确定。

RDMSR　读模式寄存器指令

操作： 将 ECX 中指定的模式寄存器的内容读到 EDX:EAX 中，ECX 中可为 0～14H。

例： RDMSR

RDTSC　读时钟周期数指令

操作： 读取记录时钟周期数的计数器中内容到 EDX:EAX。

例： RDTSC

REP/REPE/REPZ/REPNZ/REPNE　　（repeat string operation）——重复前缀

操作： REP 使串操作重复执行，每执行一次，ECX（或 CX）内容减 1，直到 ECX（或 CX）减到 0 为止。

　　　REPE 和 REPZ 一般作为 CMPSB/CMPSW 和 SCASB/SCASW 指令的前缀，在比较结果相等或检索值相等的情况下，使指令重复执行。

　　　REPNE 和 REPNZ 也作为 CMPSB/CMPSW 和 SCASB/SCASW 指令的前缀，在比较结果不相等或检索值不相等的情况下，使指令重复执行。

例： ① REP　　MOVSB

　　　② REPE　　CMPSB　　　　　　　;只有在 ZF=0 或者 ECX（或 CX）=0 时才退出循环

　　　③ REPNZ　SCASB　　　　　　　;只有在 ZF=1 或者 ECX（或 CX）=0 时才退出循环

标志： 决定于串操作指令。

说明： ECX（或 CX）不为 0 时，REP 使后面的串操作指令重复执行；ECX（或 CX）为 0

时,则退出。

ECX(或 CX)不为 0 且 ZF 为 1 时,REPZ 和 REPE 都会使后面的串操作指令重复执行;当 CX 为 0 或者 ZF 为 0 时,则退出循环。

ECX(或 CX)不为 0 且 ZF 为 0 时,REPNZ 和 REPNE 都会使后面的串操作指令重复执行;当 ECX(或 CX)为 0 或者 ZF 为 1 时,则退出循环。

RET （return from procedure)——返回

操作： 对于段内返回,从栈顶弹出 4(或 2)字节送 EIP(或 IP),且 ESP(或 SP)加 2;对于段间返回,从栈顶弹出 6(或 4)字节分别送 EIP(或 IP)和 CS,且 ESP(或 SP)加 4。

第一种：段内返回

例： RET

第二种：带立即数的段内返回

例： RET　　　4　　　　　　　;返回时,SP 的值多加 4

　　　RET　　　12　　　　　　;返回时,SP 的值多加 12

第三种：段间返回

例： RET

第四种：带立即数的段间返回

例： RET　　　2　　　　　　　;段间返回时,SP 的值多加 2

　　　RET　　　8　　　　　　　;段间返回时,SP 的值多加 8

标志： 所有标志不受影响。

说明： RET 后面的立即数必须为偶数。

ROL （rotate left)——循环左移

操作： 将指定的操作数循环左移若干次,如果只左移一次,则在指令中直接用 1 指出;如果移多次,则用 CL 指出左移次数。每移一次,最高位进入 CF,而 CF 的原有值丢失,操作数本身自成循环实现左移。

例： ① ROL　　　AH,1

　　　ROL　　　BL,1

　　　ROL　　　ECX,1

　　② ROL　　　BYTE PTR [DI+100],1

　　　ROL　　　WORD PTR [BX+SI+100],1

　　③ MOV　　　CL,3

　　　ROL　　　DH,CL

　　　ROL　　　EAX,CL

④ MOV   CL,6

     ROL   BYTE PTR [SI+500],CL

     ROL   DWORD PTR [BX],CL

标志：   影响 CF、OF。

说明：   当只移 1 位时，指令中可直接用 1 指出；当移若干位时，必须先在 CL 中设置移位
         次数。如果只移 1 位，且最高位和 CF 的值不等，则 OF 置 1；如果最高位和 CF
         相等，则 OF 为 0。如果移多位，则 OF 不确定。

ROR   （rotate right）——循环右移

操作：   本指令使指定操作数循环右移若干次。移位时，最低位进入 CF，CF 中的原有值
         丢失，操作数本身自成循环实现右移。如果只右移 1 次，则可在指令中用 1 指
         出；如果右移多次，则用 CL 指出右移次数。

例：   ① ROR   AH,1

     ROR   BL,1

     ROR   ECX,1

    ② ROR   BYTE PTR [SI+100],1

     ROR   DWORD PTR [BX+SI+500],1

    ③ MOV   CL,3

     ROR   DH,CL

     ROR   EAX,CL

    ④ MOV   CL,7

     ROR   BYTE PTR [BX+DI],CL

     ROR   WORD PTR [SI],CL

标志：   影响 CF、OF。

说明：   当只右移 1 位时，指令中可直接用 1 指出；当移若干位时，必须先在 CL 中设置移
         位次数。如果只移 1 位，且新的最高位和老的最高位不等，则 OF 置 1；如果相
         等，则 OF 为 0。如果移多位，则 OF 不确定。

RSM   复位到系统管理模式

例：   RSM

SAHF   （store AH onto flags）——将 AH 的内容写入标志寄存器

操作：   将 AH 的内容写入标志寄存器 7～0 位。

例：   SAHF

标志：   影响 AF、CF、PF、SF、ZF。

说明：   SAHF 指令只改变标志寄存器的低 8 位，而不影响高位。

SAL/SHL   （shift logical left and shift arithmetic left）——算术左移和逻辑左移

操作： 将指定操作数左移若干次,最高位移入 CF,而 CF 中的原有值丢失,最低位填 0。

例： ① SHL   AH,1

      SHL   ECX,1

    ② SHL   BYTE PTR [DI],1

      SHL   DWORD PTR [BX+SI+100],1

    ③ MOV   CL,3

      SHL   AX,CL

    ④ MOV   CL,6

      SHL   BYTE PTR [DI],CL

      SHL   WORD PTR [BX+DI+100],CL

标志： 影响 CF、OF、PF、SF、ZF；AF 不确定。

说明： SAL 和 SHL 功能相同。如果左移一次,且最高 2 位不相等,则 OF 为 1；如果最高 2 位相等,则 OF 为 0。如果左移多位,则 OF 不确定。

SAR   (shift arithmetic right)——算术右移

操作： 将指定的操作数右移若干次,最低位移入 CF,CF 中原有值丢失,最高位在右移时保持值不变。

例： ① SAR   AH,1

      SAR   BL,1

      SAR   CX,1

    ② SAR   BYTE PTR [DI],1

      SAR   WORD PTR [SI+100],1

    ③ MOV   CL,4

      SAR   DH,CL

      SAR   EAX,CL

    ④ MOV   CL,6

      SAR   BYTE PTR [BX+DI],CL

      SAR   DWORD PTR [SI+100],CL

标志： 影响 CF、OF、PF、SF、ZF；AF 不确定。

说明： 如果只右移 1 次,则指令中可用 1 直接指出；如果右移若干次,则须在 CL 中预先设置移位次数。在只移 1 次的情况下,如果最高 2 位不相等,则溢出标志 OF 置 1；如果最高 2 位相等,则 OF 为 0。如果移多位,则 OF 为 0。移位时,最高位不变相当于符号不变。

SBB   (subtract with borrow)——带借位的减法

操作： SBB 执行两数相减操作,如果进位标志为 1,则从上面相减结果中再减 1。

    第一种：存储器/寄存器操作数与寄存器操作数相减

例： ① SBB   AX,BX

```
        SBB     CH,DL
②  SBB     DX,[SI]
   SBB     DI,[BX]
   SBB     BL,[DI]
③  SBB     BYTE PTR [DI],AL
   SBB     DWORD PTR [EBX+EDI+100],ESI
```

第二种：累加器减立即数

例：
```
        SBB     AL,4
        SBB     AX,660
```

第三种：存储器/寄存器减立即数

例：
```
①  SBB     BX,2001
   SBB     CL,9
②  SBB     BYTE PTR [BX],79
   SBB     WORD PTR [BX+DI+100],1984
```

标志： 影响 AF、CF、OF、PF、SF、ZF。

说明： 如果为 1 个字减 1 个立即数字节,则在相减前要对立即数进行符号扩展,使它成为 16 位立即数,以此类推。

SCASB/SCASW/SCASD （scan byte string /word string/double words string）——检索字节/字/双字

操作： 按照累加器中给出的字节、字或双字对 ES:EDI(DI)所指的字节串、字串或双字串进行检索,每检索一次,便对 EDI(DI)作一次修改。如果方向标志 DF 为 0,则 EDI(DI)作增量修改;如果 DF 为 1,则 EDI(DI)作减量修改。如果用 SCASB 指令,则 EDI(DI)的增量/减量为 1;如果用 SCASW 指令,则 EDI(DI)的增量/减量为 2;如果用 SCASD 指令,则 EDI(DI)的增量/减量为 4。但每次检索中,EXC(CX)总是减 1。

例：
```
①  CLD                              ;清 DF,使 DI 增量修改
   MOV     DI,OFFSET DEST
   MOV     AL,'M'
   REP     SCASB
②  STD                              ;使 DF 置 1,故 DI 减量修改
   MOV     DI,OFFSET WORD_STRING
   MOV     AX,'MD'
   SCASW
③  CLD                              ;使 DF 清 0,故 DI 增量修改
   MOV     EAX,F0F0F0F0H
```

REPZ   SCASD

标志：影响 AF、CF、OF、PF、SF、ZF。

说明：SCASB/SCASW/SCASD 前面通过加重复前缀 REPZ/REPE 或 REPNZ/REPNE 可以实现在字节串或字串中检索和累加器内容相同或不同的字节或字。例如，REPE SCASB 用来检索和 AL 内容不同的字节，REPNZ SCASW 用来检索和 AX 内容相同的字，REPE SCASD 用来检索和 EAX 中内容不同的双字。

SETA　（set byte on above）——高于则置 1

操作：如果高于，则指定单元或寄存器设置为 1。

例：　　CMP　　　　VAR，0FF0H　　;将变量与 0FF0H 比较

　　　　SETA　　　MEM_BYTE　　;如高于，则 MEM_BYTE 单元为 1，否则为 0

SETAE　（set byte on above or equal）——高于或等于则置 1

操作：如果高于或等于，则指定单元或寄存器设置为 1。

例：　　SETAE　　AL　　　　　　;如前一条指令比较结果为高于或等于，则 AL 中为
　　　　　　　　　　　　　　　　;1，否则为 0

SETB　（set byte on below）——低于则指定单元或寄存器设置 1

例：　　SETB　　　DH　　　　　　;如前一条指令比较结果为低于，则 DH 中为 1，否则
　　　　　　　　　　　　　　　　;为 0

SETBE　（set byte on below or equal）——低于或等于则置 1

操作：如果低于或等于，则指定单元或寄存器置 1，否则为 0。

例：　　SETB　　　EMEM_BYTE　　;如前一条指令比较结果为低于或等于，则
　　　　　　　　　　　　　　　　;MEM_BYTE 中为 1，否则为 0

SETC　（set byte on carry）——同 SETB

SETE　（set byte on equal）——相等则置 1

操作：如果相等，则指定单元或寄存器中设置为 1，否则为 0。

例：　　SETE　　　CH　　　　　　;如相等，则 CH 中为 1，否则为 0

SETG　（set byte on greater than）——大于则置 1

操作：如果大于，则指定单元或寄存器中设置为 1，否则为 0。

例：　　SETG　　　DL　　　　　　;如大于，则 DL 中为 1，否则为 0

SETGE　（set byte on greater or equal）——大于或等于则置 1

操作：如果大于或等于，则指定单元或寄存器中设置为 1，否则为 0。

例：　　SETGE　　AL　　　　　　　　;如果大于或等于,则 AL 中为 1,否则为 0

SETL　（set byte on less than）——小于则置 1
操作：　如果小于,则指定单元或寄存器中设置为 1,否则为 0。
例：　　SETL　　　BP　　　　　　　;如小于或等于,则 AL 中为 1,否则为 0

SETLE　（set byte on less than or equal）——小于或等于则置 1
操作：　如果小于或等于,则指定单元或寄存器中设置为 1,否则为 0。
例：　　SETLE　　AL　　　　　　　;如小于或等于,则 AL 中为 1,否则为 0

SETNA　（set byte on not above）——同 SETBE

SETNAE　（set byte on not above or equal）——同 SETB

SETNB　（set byte on not below）——同 SETAE

SETNBE　（set byte on not below or equal）——同 SETA

SETNC　（set byte on not carry）——同 SETAE

SETNE　（set byte on not equal）——不等于则置 1
操作：　如不等于,则指定单元或寄存器中设置为 1,否则为 0。
例：　　SETNE　　DH　　　　　　　;如不等于,则 DH 中为 1,否则为 0

SETNG　（set byte on not greater than）——同 SETLE

SETNGE　（set byte on not greater or equal）——同 SETL

SETNL　（set byte on not less than）——同 SETGE

SETNLE　（set byte on not less than or equal）——同 SETG

SETNO　（set byte on no overflow）——无溢出则置 1
操作：　如果 OF＝0,则指定单元或寄存器中设置为 1,否则为 0。
例：　　SETNO　　DX　　　　　　　;如 OF＝1,则 DX 中为 1,否则为 0

SETNP　（set byte on not parity）——PF 为 0 则置 1
操作：　如果 PF＝0,则指定单元或寄存器置 1,否则为 0。

例： SETNP   AL   ;如 PF＝0，则 AL 中为 1，否则为 0

SETNS   （set byte on not sign）——非负数则置 1
操作： 如果不是负数，则指定单元或寄存器置 1，否则为 0。
例： SETNS   CH   ;如不是负数，则 CH 中为 1，否则为 0

SETNZ   （set byte on not zero）——同 SETNE

SETO   （set byte on overflow）——有溢出则置 1
操作： 如果 OF＝1，则指定单元或寄存器置 1，否则为 0。
例： SETO   MEM_BYTE   ;如 OF＝1，则 MEM_BYTE 中为 1，否则为 0

SETP   （set byte on parity）——PF 为 1 则置 1
操作： 如果 PF＝1，则指定单元或寄存器置 1，否则为 0。
例： SETP   DH   ;如 PF＝1，则 DH 中为 1，否则为 0

SETPE   （set byte on parity even）——同 SETP

SETPO   （set byte on parity odd）——同 SETNP

SETS   （set byte on sign）——为负数则置 1
操作： 如果为负数，则指定单元或寄存器中设置为 1，否则为 0。
例： SETS   AL   ;如为负数，则 AL 中为 1，否则为 0

SETZ   （set byte on zero）——同 SETE

SGDT   （store global descriptor table）——将全局描述符表（GDT）寄存器的内容送到
内存
例： SGDT   ［EDI］   ; 将 GDT 寄存器内容存入 EDI 所指的存储区 6 字节中

SHL/SAL   （shift/logical left and shift arithmetic left）——逻辑左移和算术左移，同
SAL/SHL

SHLD   （shift left double）——双精度左移
例： SHLD   EAX，EBX，5   ;EAX 左移 5 位，左移时低 5 位由 EBX 高 5 位补充，EBX 内
                                       ;容不变

SHLD   AL，BL，CL   ;AL 左移，BL 高位补充 AL，BL 不变，左移次数由 CL 指出

SHR　（shift logical right）——逻辑右移

操作：　将指定操作数右移若干次,每次移位将最低位移入 CF,CF 的原有值丢失,最高位则填 0。

例：　① SHR　　AH,1
　　　　　 SHR　　BL,1
　　　　　 SHR　　SI,1
　　　② SHR　　BYTE PTR [DI],1
　　　　　 SHR　　DWORD PTR [BX+SI+20],1
　　　③ MOV　　CL,3
　　　　　 SHR　　DH,CL
　　　　　 SHR　　SI,CL
　　　④ MOV　　CL,6
　　　　　 SHR　　BYTE PTR [DI],CL
　　　　　 SHR　　DWORD PTR [EBX+EDI+100],CL

标志：　影响 CF、OF、PF、SF、ZF；AF 不确定。

说明：　如果移 1 位,则在指令中可直接用 1 指出;如果移多位,则须在 CL 中设置移位次数。在移 1 位的情况下,如果新的最高位和原最高位不等,则 OF 置 1;如果新旧最高位相等,则 OF 置 0。如果移多位,则 OF 的状态不确定。

SHRD　（shift right double）——双精度右移

例：　SHRD　　EDX,EBX,4　　;EDX 右移 4 位,EBX 低位补充 EDX,EBX 不变
　　　SHRD　　[EBX],EDX,CL　;EBX 所指内存双字右移,EDX 中低位补充 EBX 所指双
　　　　　　　　　　　　　　　　　 ;字的高位,CL 中为右移次数
　　　SHRD　　MEM_DWORD,EAX,2

SIDT　（store interrupt descriptor table）——将 IDT 寄存器内容存放到内存

例：　SIDT　　[EBX]　　　;将 IDT 中的 4 字节基址和 2 字节界限送 EBX 所指
　　　　　　　　　　　　　　　;内存 6 字节中

SLDT　（store local descriptor table）——将 LDT 寄存器中 16 位选择子送内存

例：　SLDT　　[EBX]　　　;将 16 位选择子送 EBX 所指内存

SMSW　（store machine status word）——将机器状态字（MSW）送内存

例：　SMSW　[BP]　　　;将 MSW 送 BP 所指内存

STC　（set carry flag）——进位标志置 1

操作：　使进位标志 CF 置 1。

例：　STC

标志： 影响 CF。

说明： 本指令用来使 CF 置 1。

STD （set direction flag）——方向标志置 1

操作： 使方向标志 DF 置 1。

例： STD

标志： 影响 DF。

说明： 本指令使 DF 置 1，这样，在字符串操作时使变址寄存器 SI 和 DI 自动减量。

STI （set interrupt flag）——中断标志置 1

操作： 使中断标志 1F 置 1。

例： STI

标志： 影响 IF。

说明： STI 指令将 IF 置 1，这样，允许 CPU 执行完下一条指令后可响应可屏蔽中断。

STOSB/STOSW/STOSD （store byte string/store word string/double word string）——存储
字节串/字串/双字串

操作： 将 AL（AX 或 EAX）中的字节（字或双字）存入 ES：EDI（DI）所指单元，并根据
DF 修改 EDI（DI）。当 DF 为 1 时，EDI（DI）减量；当 DF 为 0 时，EDI（DI）增量。
对字节来说，增/减量为 1；对字来说，增/减量为 2；对双字来说，增/减量为 4。

例： ① MOV　　DI，OFFSET BYTE_STRING
　　　STOSB
　　② MOV　　EDI，OFFSET DWORD_STRING
　　　STOSW
　　　STOSD

标志： 所有标志不受影响。

说明： STOSB、STOSW 以及 STOSD 指令前加重复前缀时，可以使内存一个区域填满
某个值。

STR （store task register）——将 TR 寄存器的 16 位值送内存

例： STR　　　［BP］

SUB （subtract）——减法

操作： 本指令执行目的操作数减源操作数动作，结果在目的操作数处。
第一种：存储器/寄存器操作数与寄存器操作数相减

例： ① SUB　　　AX，BX
　　　SUB　　　CH，DL
　　② SUB　　　DX，［1000］

```
          SUB       BL,[DI]
③ SUB       BYTE PTR [DI],AH
  SUB       DWORD PTR [EBX+EDI+100],ESI
```

第二种：累加器减立即数

例：　① SUB   AL,4
　　② SUB   AX,6605

第三种：存储器/寄存器减立即数

例：　① SUB   BX,2001
　　　 SUB   CL,18
　　② SUB   BYTE PTR [DI],12
　　　 SUB   WORD PTR [BX+DI+100],1950

标志：　影响 AF、OF、CF、PF、SF、ZF。

说明：　当从寄存器/存储器字中减去 1 个立即数字节时,必须先把此字节扩展成 16 位
　　　立即数。

TEST　(test,or logical compare)——检测或逻辑比较

操作：　本指令执行逻辑与操作,只影响标志,不回送结果。

第一种：存储器/寄存器与寄存器

例：　① TEST   AX,DX
　　　 TEST   BH,CL
　　② TEST   BYTE PTR [DI],CH
　　　 TEST   WORD PTR [BX+SI+100],DX

第二种：立即数与累加器

例：　　TEST   AL,6
　　　　TEST   AX,9FFFH

第三种：立即数与存储器/寄存器

例：　① TEST   BH,7
　　　 TEST   SI,1870
　　② TEST   BYTE PTR [DI],76
　　　 TEST   WORD PTR [BP+DI+100],7870

标志：　影响 CF、OF、PF、SF、ZF,AF 不确定。

说明：　要求相与的两个操作数都为字节或都为字。

VERR　(verify read access)——检验选择子所对应段是否可读,如可读,则 ZF＝1

例：　　VERR   DS   ;检验 DS 对应的段是否可读

VERW　（verify write access）——检验选择子所对应段是否可写,如可写,则 ZF＝1

例：　　　VERW　　　　ES　　　　　　　　　　;检验 ES 对应的段是否可写

WAIT　（wait）——等待

例：　　　WAIT

标志：　所有标志不受影响。

说明：　WAIT 指令使 CPU 处于等待状态。

WBINVD　Cache 清除并回写指令

操作：　清除内部 Cache 和外部 Cache 中内容,并将外部 Cache 中内容回写到主存。

例：　　　WBINVD

WRMSR　写模式寄存器指令

操作：　将 EDX:EAX 中的 64 位数据写入测试寄存器,测试寄存器序号由 ECX 指出,
　　　　ECX 中值可为0～14H。

例：　　　WRMSR

XADD　r/m,r 字交换加法指令

操作：　将两数相加,结果送目的操作数处,目的操作数送源操作数处。

例：　　　XADD　　　　AX,BX　　　　　　　　　　;将 AX 和 BX 中内容相加送 AX,
　　　　　　　　　　　　　　　　　　　　　　　;原 AX 中内容送 BX

XCHG　（exchange）——交换

操作：　目的操作数的内容和源操作数的内容交换。

　　　　第一种：寄存器和累加器

例：　　　　XCHG　　　　AX,BX
　　　　　　XCHG　　　　SI,AX

　　　　第二种：存储器/寄存器和寄存器

例：　　　① XCHG　　　　WORD PTR [DI],CX
　　　　　② XCHG　　　　BX,[1000]
　　　　　　XCHG　　　　BL,[2000]

标志：　不受影响。

说明：　XCHG 不能对段寄存器进行内容交换。

XLAT　（translate）——以 BX 为表基址换码

操作：　用表中 1 字节取代 AL 的内容。要求表地址首部送 BX,AL 中存放离表首部的
　　　　距离。

例：　　　MOV　　　　BX,TABLE_ADD
　　　　　XLAT

标志：　所有标志不受影响。

说明：　XLAT 用来对表进行检索。

XLATB　（translate）——以 EBX 为表基址换码

例：　　　MOV　　　　　　AL,7

　　　　　MOV　　　　　　EBX,OFFSET TABLE　　　　　;表基址送 EBX

　　　　　XLATB　　　　　　　　　　　　　　　　　;将第 7 项送 AL

XOR　（exclusive or）——异或

操作：　XOR 将两个操作数按位异或,若对应位相等,则结果位为 0;若对应位不等,则结果位为 1。

　　　　第一种：存储器/寄存器和寄存器

例：　　① XOR　　　EAX,EBX

　　　　　　XOR　　　SI,DX

　　　　② XOR　　　AX,[1000]

　　　　　　XOR　　　CL,[DI]

　　　　③ XOR　　　BYTE PTR [DI],BL

　　　　　　XOR　　　WORD PTR [BX+DI+100],AX

　　　　第二种：立即数和累加器

例：　　　XOR　　　AL,80

　　　　　XOR　　　AX,2578

　　　　第三种：立即数和存储器/寄存器

例：　　① XOR　　　AH,0F6H

　　　　　　XOR　　　DI,23F5H

　　　　② XOR　　　BYTE PTR[DI],57

　　　　　　XOR　　　WORD PTR [BX+DI+100],0723

标志：　影响 CF、OF、PF、SF、ZF；AF 不确定。

说明：　XOR 指令实现异或操作,结果送目的操作数。编程时,常用 XOR AX,AX 这样的指令使累加器和标志寄存器清 0。